马铃薯信息的组织与服务

◎王丹 著

中国农业科学技术出版社

图书在版编目（CIP）数据

马铃薯信息的组织与服务／王丹著．—北京：中国农业科学技术出版社，2010.12

ISBN 978 - 7 - 5116 - 0315 - 9

Ⅰ．①马…　Ⅱ．①王…　Ⅲ．①马铃薯 - 作物经济 - 经济信息 - 情报检索　Ⅳ．①G252.7

中国版本图书馆 CIP 数据核字（2010）第 221792 号

责任编辑　李　华
责任校对　贾晓红

出 版 者　中国农业科学技术出版社
　　　　　北京市中关村南大街 12 号　邮编：100081
电　　话　(010)82106631(编辑室)　　(010)82109704(发行部)
　　　　　(010)82109703(读者服务部)
传　　真　(010)82106636
网　　址　http://www.castp.cn
经 销 者　新华书店北京发行所
印 刷 者　北京富泰印刷有限责任公司
开　　本　850 mm ×1 168 mm　1/32
印　　张　3.5
字　　数　80 千字
版　　次　2010 年 12 月第 1 版　2010 年 12 月第 1 次印刷
定　　价　14.00 元

前　言

　　人类进入 21 世纪以后，信息冲击遍布了社会上的各行各业。马铃薯作为一种重要的农作物，关于此方面的信息也源源不断的出现。为了使马铃薯信息用户能够得到科学、准确的信息支持，作者结合多年的信息服务实践，完成了马铃薯信息资源的有效组织和文献的高级检索的初步研究工作。

　　信息组织是信息资源管理的基本范畴之一，是信息资源建设的中心环节。本书所谈之信息组织是根据特定信息用户需要，提供马铃薯特定学术信息，以满足用户专业需求的各种类型的信息资源为对象，通过对其内容特征等的分析、选择、标引、处理，使其成为有序化集合。结合我国的实际情况，作者认为在马铃薯信息资源组织过程中应坚持选择性、标准性、综合性、多维性的原则。

　　在文献检索系统构建中，采用基于浏览器/服务器和客户机/服务器相结合的三层结构，使用 ASP 内建对象和 ADO 的数据库存取组件实现 Web 数据库检索。在系统调研、需求分析的基础上，给出了专题文献数据库应用系统及查询系统的设计目标、任务和原则；系统的开发遵循完整性、通用性、实用性和开放性的原则，采用较为先进的结构化系统分析方法对数据流程、数据结构进行详尽的分析，设计了一个适合各类型用户的逻辑模型，采用合适的，基于 Internet 的专题文献数据库智能查询系统的硬件结构及应用平台，利用大型数据库及前端开发工具，充分发挥网络优势，解决了马铃薯专业文献信息的查询问题。本系统主要采用了浏览器/服务器（Browser/Server）和客户机/服务器（Client/Server）结构，在分析实际业务流程后，绘制了查询系统的数据流图。

在此基础上，作者进一步分析细化数据流图，将整套系统划分为若干子系统，分别设计实现其功能。另外，本系统在在线提供信息的基础上，增加了后序服务内容：信息定制与信息推送。此功能的增加，可以通过用户本身定制的内容，实现信息检索的跟踪服务，节省了用户时间，还丰富了用户检索结果，是数据库建设过程中的一项重要功能。此平台系统可推广应用于农业其他各作物，以帮助农业科研人员完成各项研究工作。

本书在编写过程中，得到东北农业大学陈伊里教授、杜春光研究员的大力指导和帮助，在此表示感谢。

尽管作者在编写过程中对所写内容进行了大量的研究，付出了很大努力，但由于水平有限，难免有不妥之处，敬请广大读者、专家和同行给予批评指正。

编者

2010 年 9 月

目　录

引　言

马铃薯是世界四大粮食作物之一，在欧洲各国，马铃薯在粮食作物中所占的地位相当于小麦。在我国，由于它的经济价值、营养价值，马铃薯也是一种重要粮、菜兼用作物。

一、研究的背景

随着中国种植业结构的调整，中国马铃薯的播种面积近年来不断扩大。传统的"靠天吃饭"的农业思想正在逐渐改变。在农业科技革命兴起的今天，种植业户迫切需要了解马铃薯从种植到收获以及贮藏、加工这些方面正在不断发生着的新的变化，从中汲取科学信息，采用新的科学技术，然后选择自身发展的走向。只有这样，才能使农业生产向现代化迈进。

在过去的很长一段时间里，用户获得信息的途径从大的方面说，主要有三个：一是靠有关单位举办的农业技术推广讲座，它是指一些农业技术部门指派有一定经验的专业人员在所辖范围内举办的一些小型的对生产有指导作用的讲座。

由于受人员层次、经济实力等各方面客观原因的限制，这种讲座举办的次数相对较少，大多为每年一次，内容也相对较浅，因此，对于新信息新技术的传播来说，这种讲座不算最好，但有一定的辅助作用。二是依靠电视、广播等媒体的介绍，用户能得到关于新知识的信息，但由于媒体并不能深入具体的来讲解技术的实施过程，所以，这种方法也只能是一个提示作用，用户如果真的想进行这种技术的应用，还必须借助具体讲解技术的资料，这就是文献。文献是记录这些详细技术的信息源，这也是用户获取信息的第三条途径，也是最主要的途径。用户可以依靠已出版的专业文献来获取知识。在这些专业文献中，记载着大量马铃薯的最新知识，有推广新品种繁育的文章，有介绍高产技术的文章，有新贮藏方法发布的文章，还有很多关于马铃薯深加工获取更多经济效益的文章，这些文章是马铃薯信息用户最直接的信息来源。但是，印刷期刊价格很高，在邮寄过程中，对于农民来说，又会产生时滞，所以，信息推迟的现象仍然很普遍。

在当今，Internet深入到世界的每一个角落，信息技术的发展使得信息产生和信息获取都变得比以往更加容易。它包罗万象，信息内容全面，信息传递及时，各种学术的，商业的信息应有尽有，马铃薯信息也交织在其中。马铃薯研究人员，还有一些研究机构也将大部分的信息上传至网上，对全体用户开放，很多马铃薯文献也可以在网上找到，免费阅读，在一定程度上解除了马铃薯信息用户在过去"信息推迟"，"获取信息难"这一困境。但是由于网络的无序性，所有信息都那么杂乱无章,对于信息用户来说,想找到真正适合自己需要的内容,就如同大海捞针,这种情况成为专业信息用户的又一大障碍。对于专一领域内的专业知识,用特定的系统来统一这部分信息资源,是网络发展过程中规范资源的关键问题。本文正是基于这一问题提出解决方案。

二、目的与意义

在 20 世纪的后 50 年内,计算机和网络技术取得了飞速的发展,互联网的出现改变了人们学习和生活的方式,21 世纪后,信息与网络更是得到了极大范围的普及。信息与能源、材料形成了世界发展的三大支柱。人们无时无刻不利用着信息,捕捉着信息。对于农业来说,对于种植业农民来说,合理地利用互联网资源,快速收集信息将是一条迅速发展的新途径。

进入 21 世纪,世界性新的农业科技革命正在兴起,高新技术在农业中的广泛应用,使农业生产领域不断拓展,农业国际竞争日趋激烈,对农业科技发展也提出了更高的要求。马铃薯种植业作为农业发展的重要组成部分,与信息产业的有机融合是其顺利发展的重要技术支持。

在数字信息高速发达的这个时代,经过对马铃薯信息的组织与检索的研究,使海量的、无序的马铃薯信息数字化、条理化、有序化,使马铃薯科技信息得以有效发布,是农业信息化发展的个性化范例。走个性化方向发展农业信息技术,是我国农业迎接知识经济的挑战和推动新的农业科技革命的重大举措。

本研究的实现，正是在宏观农业范围中，以单一个体作物信息支持其作物产业化发展的道路，解决研究者与生产者等人群在实际工作过程中遇到的疑难问题，促进经验的交流，加速产业的发展，使新信息及时应用到实际中，尽快取得实际效果。对于研究开发人员，避免了面对大量无序信息的"望而生畏"的心理，可以在信息检索过程中迅速获取国内外同行的最新科技信息、科技成果，用于自身工作的借鉴，省时省力，有利于尽快完成研发工程，为马铃薯事业的发展再创佳绩。

对于东北农业大学来说，更具有深远意义。我国是农业大国，黑龙江省又是重要的马铃薯生产省份，那么，马铃薯信息的供给是必不可少的。东北农业大学作为东北三省内唯一"211工程"建设的农业院校，中国马铃薯专业委员会的重要成员单位，《中国马铃薯》杂志的主办单位，马铃薯育种技术重要提供部门，发布权威的马铃薯信息，满足研究与生产需要是我们义不容辞的责任。本研究正是迎合这一现状，在Internet深入到世界每一个角落的今天，充分利用网络的媒介作用，实现科技成果转化，把马铃薯信息传递到每一个用户，为马铃薯产业的发展提供信息保障和技术支持。

三、国内外研究现状

目前，随着Internet技术和数字化技术的快速发展和广泛应用，信息网络化已经成为现实。在信息网络环境下，由于

Internet 的开放性、公开性和自由性，越来越多的个人或团体将自己研究领域的成果，放在 Internet 网站上，和大量的网络数据库、电子出版物（网络报纸、期刊、图书等）等混合在一起，形成了庞大的多文种而又异常分散的网络文献，使网络信息资源以前所未有的速度增长，它给人们带来快捷信息的同时，却远远超出了用户所能承受的范围，"信息过载"的现象随之出现。马铃薯信息正在这样一种环境中无限制的增长着，所有各类别的信息冗杂在一起。

近几年，Internet 上出现了很多发布马铃薯信息的专门网站，国内的有中国马铃薯信息网、中国定西马铃薯信息网、中国马铃薯商务网、正丰马铃薯动态商务网站、中国薯类信息网、马铃薯在线等马铃薯专门网站，除这些马铃薯专门网站外，还有很多地方性的信息网站也设有马铃薯专题，如云南农业信息网——马铃薯专题、河南农业信息网——马铃薯产业、山东省农业信息网——马铃薯在线等多省市农业信息网站内涉及马铃薯信息。国外的发布马铃薯信息的网站也很多，如：International Potato Center（CIP）、the European Cultivated Potato Database、Global Potato News、Intergenebank Potato database、Hampshire HDRA Group's Potato Information Page、Washington State Potato Commission 等。这些网站在很大程度上满足了马铃薯信息用户的需求，解除了过去信息量少，信息传递慢的问题，信息用户在家里，就可足不出户的了解国内，以及世界马铃薯的发展现状，可以在网上搜寻到最新出现的马铃薯信息资源，可以了解马铃薯种子的种类，以选择最适宜的品种播种；可以借鉴先进的栽培技术，提高种子的成活率，壮苗率；可以学习科学的田间管理方法，达到增产丰产的新目标，还有文献中最新载出的专业人士的马铃薯产业发展预测，可以用来指导用户的发展规划。我们处在一个前所未有的时代，这是一个信息技术不断更新换代的时期。这些资源的获取，在今天，都已经成为简单易行的事情。用户对信息需求量的增加，使网络信息资源正成为他们需求的一种重要的信息形式。

我们不能否认信息技术给人们生活、研究和工作等各方面带来的方便，但同时我们不能不承认另一个事实：人们也逐渐被淹没在形形色色、各式各样的信息海洋中。因特网上的马铃薯信息极其无序，信息量越大，就越难被利用。相对于巨大、无序的 Internet 信息空间，每个用户真正感兴趣的，需要的信息非常有限，仅仅是 Internet 信息空间的沧海一粟。经调查，选取"马铃薯"作检索词，用"百度"（最大的中文网页搜索引擎）进行中文网页的搜索，可以搜索到1 050 000个含有"马铃薯"一词的中文网页；选取"potato"为检索词，用"Google"（全球排名第一的搜索引擎）进行外文网页的搜索，可以搜索到21 700 000个含有"potato"一词的外文网页。由此可见，用户为了找到真正需要的信息，需要耗费大量的时间和精力。综上所述，我们不难发现，在现有马铃薯网站（页）中，马铃薯信息资源的后台整合和用户检索两个环节是影响资源利用的两个重要方面，归纳起来，有 5 个方面的问题：

（1）信息来源不广泛，地区局限性大；马铃薯作为一种全国大部分地区都有种植的大型农业作物，任何一个信息服务系统都不能以个体代全面，对信息来源的选择要有全局性。

（2）信息内容不专业，没有深入系统的阐述；现有一些网站中的信息取自于已出版的科普读物，这些信息大多篇幅短小，内容简单，只能是在已有的技术基础上起到一个辅助指导作用，不能指导科技创新。

（3）网站信息内容大部分属于商贸信息，学术性信息资源匮乏；经济大潮席卷每一个领域的同时，网络信息也呈现出很大程度上的经济化。越来越多的马铃薯生产经营企业自创网站，发布商业信息，各地方农业信息网上也发布各种形式的供销信息，这些信息对于从事马铃薯销售行业的用户来说，是很好的一个资源状态，但对于专业马铃薯研究人员或正从事马铃薯生产的用户来说，则失去了它的意义，这些用户更需要一个组织有序的学术资源库来指导其进行的工作。

（4）网站中没有提供用户检索入口，对于用户所需内容无法检索完成。在网站资源种类繁多、数量很大的情况下，信息资源只是以标题文本列表的方式显示给用户，并没有给出用户可用于检索的界面，用户如果想要找寻所感兴趣的信息时，只能是按页点击，层层深入，才能挖掘到所用信息，这种典型的"人找信息"的服务模式已无法适应迅速增长的Internet信息资源，用户迫切需要一种能够根据用户的需求特点自动组织和检索信息的服务模式，因此，专业化的数据库服务成为满足用户需求的一个主要工具。

（5）服务缺乏延续性。对于信息用户来说，信息资源的增长，影响着信息检索结果的变化，同样的检索请求在每一次信息资源增加时，都必须重新进行，以获取最新检索结果，这使用户的检索工作变得费时费力。解决信息变化与不变的用户请求之间的矛盾，实践"用户至上"的服务理念的根本办法就是在系统中实现服务的连续性。系统应可以根据用户的定制自动定时的完成用户的检索请求，以实现资源利用的连续性。

本文将针对上述问题，对于马铃薯学术信息资源的有效组织与检索作深入理论研究，并形成马铃薯信息资源的学术信息检索系统，提供信息用户检索，检索请求跟踪，结果反馈等功能，实现资源有效利用。

四、研究的内容及研究方法

本研究以为马铃薯信息用户提供信息服务为根本出发点，充分利用网络，将马铃薯信息有效组织，形成有专业特色的马铃薯文献信息库，提供用户检索。实现线路如图 1 - 1 所示。

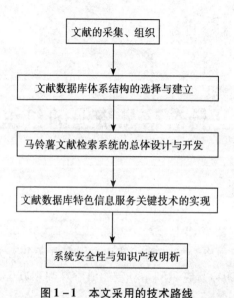

图 1 - 1　本文采用的技术路线

Fig. 1 - 1　Technology route of this paper

马铃薯信息资源的组织

　　网络环境下，信息组织是信息资源管理的基本范畴之一，是信息资源建设的中心环节，是建立信息系统的重要条件，是信息检索与咨询的基础，是开展用户服务的有力保证（李卫红等，2004）。它是利用一定的科学规则和方法，通过对信息的外在特征和内在特征进行分析、表征和提炼，实现无序信息流向有序信息流的转换，同时使信息达到一种科学的组合和有效流通的目的，以保证用户对信息的有效获取和利用。信息的主体是知识，信息组织活动必须建立在人们对知识体系认识的基础上。另外，信息组织也是一种思维活动，必须遵循科学的思维方法，才能保证信息组织的序化质量。本文所研究之信息组织是根据特定信息用户需要，提供马铃薯特定学术信息，以满足用户专业需求的各种类型的信息资源为对象，通过对其内容特征等的分析、选择、标引、处理，使其成为有序化集合的活动（梅伯平，2003）。借鉴国外信息组织的成功经验，结合我国的实际情况，作者认为在马铃薯信息资源组织过程中应坚持选择性、标准性、综合性、多维性的原则。

第一节 信息组织的原则

一、信息收集的选择性原则

并不是所有的网络信息源都构成信息资源。选择有价值、适用的信息，建设有明确主题的信息资源，是网络信息资源组织的首要的原则（沈丽宁，2004）。

选择的专业性。由于信息服务部门、企业或其他信息提供部门，是在网络环境下为马铃薯信息用户提供相关信息，而且，这些信息具有较大的公开性、共享性，所以，在信息资源的收集上应注意建立具有专业特色的信息资源收藏体系和数据库。另外，在信息来源范围的选择上，注意不能只收集本部门或本地区已有的信息资源，而应充分考虑服务对象范围、读者对信息的实际需要，在其他马铃薯专业研究机构汲取新资源，从而确定信息转换内容和数量。真正满足用户的信息需求是信息服务系统存在与发展的意义所在。

需求的长远性。在文献信息收集过程中，我们不但要最大程度保证用户基本信息需求的满足，也要考虑发展过程中用户可能增长的文献获取需求，使资源收藏能持续充分发挥作用。有计划地收集那些能满足用户各式各样的信息需求具有很高价值的文献信息，逐步形成系统完善的资源数据库是其存在的有力支持。

二、信息组织的多维性原则

信息是多维的，网络信息又是多类型、多格式、多媒体、多语种的信息混合体，这种非线性的新结构，要求我们多角度地去揭示这些数字化的信息，这是提高网络信息检索和利用效率的基础（吴高魁，2002）。

信息整序。非线性网络信息整序是多维性的非线性的资源组织方式，是超文本技术与传统字符串表示技术相结合的新形式。它们将信息组织排序成一个网状结构，网状结构上的每一个结点都与其他信息结点相关联着，对任何一个信息结点的检索都可带动其他若干信息结点的检索，并影响着结果的变化。

信息利用的跳跃性。数字化信息整序的多维性，使读者可根据检索结果中结点的提示，进行相关信息点内容的检索，在网状结构上的各个信息点中自由转换，进行跳跃式浏览，打破了传统信息系统线性顺序的局限，允许用户随心所欲的查询感兴趣的信息。实际上，多维的信息整序方式与人的思维方式相吻合，因为人的思维始终是多样的、跳跃的、富于联想的、易受启示的，而信息整序的多维性所提供的这种交互式的自由检索方式正好符合人的思维自由的特征。

三、信息内容的全面性原则

具有两层含义：将各媒体的信息整合、组织成一个完整的有机整体，对马铃薯关联信息的覆盖范围是完整的；整合传统的文献信息资源，使得数字化信息资源与传统信息资源在获取层面上成为互为补充的一个整体。

信息内容的全面性揭示进程就是描述数字化信息形成与内容基本特征的过程。在这个过程里，我们需要将用户对马铃薯作物信息的传统获取与网络获取形式相合并，取消地域区别、语言区别，把所有类别的科学正规的资源全部整合进来，这样才能使信息被用户充分利用。信息本身就是多维的综合性的，我们要提供信息，必然需要全面的描述，此时，我们可借助现代计算机技术，对各种类型信息进行全面综合揭示，为信息用户建立更加全面、丰富的信息资源检索系统。

四、信息标引的标准性原则

数据格式的标准化、描述语言的标准化和标引语言的标准化是其主要内容。标准化即是现代信息社会的特征之一，也是信息生存的原则之一。信息要想被用户充分利用，就要提高文献信息标引深度和标准度，把蕴藏在文献信息中所具有研究价值和检索意义的，符合检索系统要求的主题内容及外表特征用规范的标引词标识出来，反映清楚，这样可以多角度全方位揭示文献信息内容，给用户提供更多的检索途径，进而提高文献信息的查全率与查准率，充分满足用户的信息需求（黄如花，2005）。

数据格式的标准化。数字信息标识的标准化是信息服务机构赖以生存的基础，而数据格式的标准化是数字信息组织的关键。数据格式是数字化信息基本结构的描述，是读者检索与利用数字化信息的重要依据。只有数据格式是符合网络读者所公认和遵守的统一标准，才能保证数据的顺利转换，在不同的计算机系统间交换数据，所以，在信息数字化过程中要选择应用统一标准的数据格式，使生成的数据具有很强的转换性，为建立完善的数据库、提高信息利用率提供可靠的保障。

描述语言的准确性。数据描述语言是用来描述数字化信息基本特征的一组代码体系，类似传统图书馆的文献信息的分类。描述语言的准确性、决定了信息组织检索利用的程度，也就是提高数据库信息利用率的关键所在。所以，在信息标识中应采用标准的数据描述语言，充分反映信息基本特征，这样才能保证实现读者需求和系统、系统与系统之间的有效沟通，充分满足用户的信息需求。

标引语言的规范性。标引语言的规范性，主要是指用来描述信息的形式特征与内容以及检索要求的规范性语言，它是全面准确揭示文献信息特征、提高信息查全查准率的重要保障。如美国国会图书馆和 OCLC 都建立起规模巨大的规范文档数据库，并合成一个全国性的规范档数据库（黄如花，2005）。

第二节　信息组织的方法

目前网络信息组织方法种类多，划分途径也多。一方面，传统的信息组织方法依旧用于网络信息组织。Traugott 等指出，目前国际上已有不少分类法被应用于浏览器的机构基础，如 UDC、LCC、NLM 等（胡冰，2003）。其中，以 DDC 的应用为最广泛，已被应用到因特网上的十多个站点。另一方面，传统的信息组织方法又显得难以适应现代网络信息的组织，传统信息组织方法如分类法、主题法、引文法等，均把信息片段视为一个孤立的计量单位，难以从全局角度表述信息的内容。各位学者的划分角度不同，划分出的结果不尽相同。尚克聪认为，信息组织的基本方法有信息的序化方法和信息的优化方法；马费成认为，根据因特网上信息资源的特征和构成，同时也根据人们对网络信息开发利用的需要，可以把网络信息划分为不同层次，人们正是按这些层次来组织和管理网上信息，网上一次信息的组织方法主要有自由文本方式、超文本方式和主页方式，网上二次信息的组织主要有查询器形式、指示数据库和菜单方式；张俊认为，目前使用得较为广泛的网络信息资源的组织方式有 4 种：文件方式、数据库方式、主题树方式和超媒体方式。关于信息组织的具体方法的研究是大量的，其中以分类法、主题法以及书目控制等的研究体系最为庞大。随着时代的发展，对信息组织传统方法的研究已日益减少，取而代之的是对新环境下信息组织与方法和技术的研究，这也是目前最具有生命力的研究课题（韩小梅，2004）。大部分资料表明，当前网络信息环境下，较新的信息组织方法可概括为文件组织方式、超文本组织方式、超媒体组织方式、数据库方式和搜索引擎方式等几种。

一、文件方式

用文件系统来管理和组织网络信息资源是简单而且方便的，它以文件为单位共享和传输信息。这种网络信息组织方式主要用于全文数据库的建设，是对非结构化的文本进行组织和处理的一种方式，它将图书、期刊、报纸等载体上相关文献的全部文本通过计算机网络上网，建成网上全文数据库系统。这种数据库在全文检索软件的支持下，对数据库文本中的各种信息单元，例如关键词、作者或单字词等进行检索，且按照用户的需求，将检索结果按不同条目加以输出。这种网络信息组织方式不对文献的特征进行格式化描述，而是利用自然语言来解释文献中的知识单元，根据文献中的自然语言揭示文献所含的知识单元，按文献全文的自然状况设置检索点（刘崇学，2004）。文件系统只涉及信息的简单逻辑结构，当信息结构较为复杂时，文件系统难以实现有效控制和管理，文件方式对结构化信息的管理会显得力不从心。

二、超文本组织方式

超文本系统是利用计算机实现知识网络的检索和动态组合的，它的数据库和一般的文本数据库不同，超文本数据库由节点和链路组成，节点表示知识单元、片段或其组合；链路表示这些节点间的关系。将网上相关文本信息有机地组织在一起，以节点为文本单位，节点间以链路相连，将文本信息组织为某种网状结构，使用户可以从任一节点进入。根据网络中信息间的联系，从不同角度浏览和查询信息。它将文本表格、声音、图像等多媒体信息以超文本格式组织在一起，通过节点和链结构在数据库中寻找所需要的媒体信息（刘崇学，2004）。这种非线性的信息组织模式符合人们的思维联想和跳跃性习惯，节点内容具有良好的包容性和可扩充性，能方便地描述和建立各媒体信息之间的语义联系，超越了媒体类型对信息组织与检索的限制。用链路网将同一文献或不同文献的相关部分结构化地连接起来，这是传统的检索系统无法实现的。

三、超媒体方式

超媒体技术是超文本技术和多媒体技术的结合体，将文字、图表、视频、音频等多媒体信息以超文本方式组织起来，以组织利用网络信息资源。用户在搜寻过程中，可以跳跃式地沿着交叉链在信息海洋中自由航行，并根据需要猎取马铃薯目标信息。它避开了复杂的检索语言，使信息搜寻的效率普遍提高；能够随着网络信息源的流动，节点结构可以任意改造或扩充，节点内容可以随时调整或更新，可以方便地描述和建立各种媒体信息之间的语义关联，有利于动态地实现马铃薯网络信息的整体控制和分类控制（苏芳荔，2003）。

四、数据库组织方法

数据库方式是当前普遍使用的网络信息资源的组织方式，数据库技术是对大量的规范化数据进行开发的技术（苏芳荔，

2003）。它将所有获得的信息资源按照固定的记录格式存储和组织，用户通过关键词及其组配查询就可以找到所需要的信息线索，再通过线索连接到相应的全文资源。数据库技术是对大量的规范化数据进行管理的技术，它可以大大提高信息管理的效率，因为数据库的最小存取单位是字段，所以可根据用户需求灵活地改变查询结果集的大小，从而大大降低了网络数据传输的负载（李卫红等，2004）。数据库方式对于信息处理也更加规范化，特别是在大数据量的环境下，其优点更为突出。但它对用户提出了一定的要求，要求用户掌握一定的检索技巧，包括关键词及其组配的选择。

五、搜索引擎的信息组织方法

搜索引擎是一种浏览和检索数据的工具。网络资源包括Web、FTP 文档、新闻组、Gopher、E-mail 以及多媒体信息等。按照信息的组织方式分，目前网上的搜索引擎大致可以分成 3 类：

（一）目录式搜索引擎

目录式搜索引擎主要通过人工发现信息，并依靠标引人员进行甄别和分类，由专业人员手工建立关键字索引，建立目录分类体系，将各站点按主题内容组织成等级结构，用户在利用目录式搜索引擎时，可进行浏览查询，从最高层目录开始，依照这个目录逐层深入，直到找到所需的信息为止。

（二）索引式搜索引擎

索引式搜索引擎主要依靠一种被称为"蜘蛛"、"机器人"等的计算机程序有规律地遍历整个网络空间，根据网络协议和程序自身的有关约定，记录网上的信息，并对其进行加工、整理，将信息加入到索引数据库；根据一定规则，及时地对数据库进行补充与修改。用户在使用索引式搜索引擎时，只需输入检索主题的关键词，该搜索引擎就自动将用户输入的关键词与索引数据进行匹配，然后将符合用户需要的信息以用户希望的方式显示出来。

（三）元搜索引擎

元搜索引擎又称集合式搜索引擎，它将多个搜索引擎集合到一起，并提供一个统一的检索界面，这样就省去了用户记忆多个搜索引擎的不便，使用户的检索要求能同时通过多个搜索引擎来实现，从而获得全面的检索效果。元搜索引擎又可分为并行式元搜索引擎和串行式元搜索引擎，并行式元搜索引擎是将多个搜索引擎集成在一起，用户输入一个检索提问时，它会自动地对该提问进行处理，并同时发送给多个搜索引擎，同时检索多个数据库，将最后结果经过聚合、去重后输出给用户；串行式搜索引擎可以说是一种"搜索引擎的搜索引擎"，是将主要的搜索引擎集中起来，并按类型编排成目录，引导用户根据检索需要来选择合适的搜索引擎。它虽然能集中罗列多种搜索引擎，并将用记忆引导到相应的工具去检索，但用户每次检索都只是使用某一种搜索引擎，它克服了用户面对众多的搜索工具的无所适从，省去了记忆多个搜索引擎地址的不便（王海波等，2003）。

上述 5 种组织方式各有优势，通过对比可以看出，网络信息资源的最佳组织方式是数据库方式和超媒体方式相结合，这也是专门信息资源的重要组织方式。

第三节　网络信息资源的组织过程

依照信息组织的性质可将网络信息资源的组织过程划分为下面 3 个方面：

一、数字化文件的收集

在目前阶段，数字化文件的收集包括原生数字信息和衍生数字信息两大类，这个过程属于信息资源的选择。网络信息资源的选择是一个对信息内容的评价过程，这个过程可以借鉴传统文献信息的一些评价指标，如权威性、准确性、清晰性、独特性、周期性、时间性、读者需求状况等，同时针对网络信息资源的新的外部特征，不仅考虑信息范围、内容、用户对象、图形和多媒体设计、易用性、价格等方面的指标，而且对内容的真实可靠性、权威性、学术性进行专业的评鉴，各服务机构应制定自己的过滤政策，从而形成自己的服务特色。目前已有网站如英国的 ADAM（http：//adam. ac. uk）网站、OMNI（http：//omni. ac. uk/）网站、SOSIG（http://www. sosig. ac. uk/）网站等提供这种服务。还有学者提出了利用网络计量学的方法来过滤网络信息资源。这些方法为网络信息资源的选择提供了可供借鉴的技术和策略。

二、数字化文件的处理

　　数字化文件的处理可以采用传统的元数据方式和现代元数据方式来组织。基础数字信息的描述和组织已经从 HTML 扩大到 XML（扩展标记语言）这种功能更为强大的技术体系，如现在的 US-MARC、DC、TEI Header、ONIX 等元数据都已采用 XML 标记语言及其体系来组织网络信息资源的文件，并实现了不同平台、不同类型、不同格式、不同系统层次信息的整合，这是网络数字信息组织的方向。

三、网络信息资源的服务构建

　　网络信息资源的服务构建通过一定的数据模型或标准化的方式，整合系统容纳与抓取的信息或信息线索，并与检索过程不断反馈和学习，形成最佳的用户服务界面，达到有效利用网络信息的目的。尽管这往往被归入信息服务的范畴，但数据模型的形成是与用户服务密切相关的。没有离开服务的组织，也没有离开组织的服务。这个过程对于构建以用户为中心的信息服务体系是十分重要的。元数据是将网络上大量存在的不同类型、不同格式、不同系统层次的虚拟数字资源与实际的物理载体联系在一起的钥匙。元数据作为数字信息资源管理的关键，绝不仅仅是对物理载体的组织，更多的是对虚拟的数字对象逻辑的组织。元数据方式组织网络信息往往针对网络信息的特点，不仅可以对数字文本信息进行描述与定位，而且可以对超媒体信息如图像信息、博物馆藏品信息、互动性要求很高的教育与在线学习资源信息、政府信息、地理空间信息等进行编码与描述，可以生动形象、栩栩如生地展现信息原貌，支持发现和检索的网络资源标准。更重要的是它能省时省力节约时间和成本，利于批量生产和维护，因此更具有现实意义（马蕾，2003）。

第四节　网络环境下信息
组织的影响因素

网络信息资源组织随着网络的发展愈显得重要和复杂，由于信息资源的组织直接影响到用户对信息的合理利用，以及网络信息资源的效益，因此，对其影响因素的分析有重要意义。网络环境下，影响信息组织的因素是多方面的，它受用户需求、信息来源、网络的建设与利用、计算机技术的发展乃至国家政策等各方面的影响，突出的有以下几方面。

一、用户信息需求因素

用户信息需求的变化是信息社会组织形式变革的内在促进因素，网络化的发展又激发用户新需求的产生，二者相互促进和发展，决定着新环境下的用户需求与利用状态。网络信息资源的组织要以用户为导向，网络环境下用户的信息需求表现为社会化、综合化、集成化、高效化等特点。各类用户利用信息服务的综合趋势直接导致了科技信息服务与经济信息服务的结合。无论是政府部门、研究院、高校，还是各类企业的研究人员，除了利用科技信息部门的科技信息外，还大量利用经济信息和其他信息；与此同时，上述部门的管理人员除利用经济信息和管理信息外，还需要利用科技信息部门提供的科技信息和其他部门的信息，在这一背景下，科技和经济信息部门的工作相互渗透和补充，逐步改变了单调的信息组织模式。

二、信息来源与相关条件的影响

信息来源的评价与认证。Internet 上的信息良莠不齐，缺乏一个权威的分级认证系统，以确保网络信息资源的真实性和可靠性。

信息组织的法律保障。这主要涉及两个核心问题：即网络环境下的知识产权问题和网上信息安全问题。

信息组织的标准保障。除了信息组织方法的标准化以外，标准保障还应包括硬件标准化、软件标准化、数据指标标准化、文档标准化和通讯接口标准化等。

信息组织的语言障碍。不久前联合国发起一项称为通用网络语言（UML）的工程，着眼于解决因特网上的语言交流障碍。但对中文来说，实施该工程需要解决自动切分语词、词性自动标注、单句句法、语义自动分析和 UML 的转换问题。

信息组织的市场保障。当前还没有一个完善的市场体系来容纳各种信息源和信息产品，这使得信息组织工作缺乏市场动力（韩小梅，2004）。

三、网络建设与利用因素

目前我国有 10 家网络运营商（即十大互联网络单位），有约 200 家跨省经营资格的网络服务提供商（ISP）。其中非营利单位有四家：中国科技网、中国教育和科研计算机网、中国国际经济贸易互联网和中国长城互联网。据截至 2001 年 9 月 30 日的统计表明：这十大互联网络单位都拥有独立的国际出口，它们的国际出口带宽总和已达到 5 724M（未包括中国长城互联网的国际出口带宽数据），与 CNNIC 在 2001 年 1 月的互联网统计调查报告中公布的 2 799M 相比，我国大陆在短短 9 个月的时间里，国际出口带宽增加了 2 925M，增幅为 105%。我国网络基础建设的飞速发展，加速了网络的互联互通，有利于网络信息资源的共享（胡昌平等，2003）。

四、网络、计算机技术的发展因素

网络信息资源的组织是与网络、计算机技术的发展密不可分的。从微观上来说，网络信息资源的组织方式有以下几种：文件方式、超文本方式、搜索引擎方式、数据库方式。每一种组织方式都是与技术的发展息息相关的。技术的发展，新的网络组织方式的出现，将给网络信息资源的微观组织带来全新面貌（胡昌平等，2003）。如今，万维网（World Wide Web）在向网格（Great Global Grid）迈进，这将是一场网络技术大革命。网格是构筑在互联网上的一组新兴技术，它将高速互联网、高性能计算机、大型数据库、传感器、远程设备等融为一体，为用户提供更多的资源、功能和交互性。网格试图实现互联网上所有资源的全面联通，包括计算资源、存储资源、通信资源、软件资源、信息资源、知识资源等，最终实现网络虚拟环境下的资源共享和协同工作，网格是有大脑的，因为它能根据用户的需求智能地组织信息资源，你只需向网格发一个指令，网格马上就会给你一个回复。目前，各国都在积极着手研究网格技术。

五、体制因素

在决定信息资源组织的诸因素中，体制因素是重要因素之一。无论在网络信息资源组织形式、运行方式，还是在网络化服务和资源开发上，无一例外地受国家体制的制约。网络模式必须与市场竞争相适应，受国家信息法律法规的控制，在政府部门干预下沿正确健康的信息产业化道路发展，充实信息服务市场，鼓励用户信息系统，不断向国际市场的公众信息网络层次并轨（胡昌平等，2003）。

马铃薯信息服务系统的设计

第一节　数据库的选择

对于网站建设来说，为用户构建最适合用户使用的检索平台，建设高质量的数据库才是最重要的。所以，在选择数据库时，我们有必要考虑到资金的问题，价格较高的 Oracle 及 Informix 都不适合，由于最终呈现给用户的动态检索页面是通过 Web 服务器实现的，所以 Web 服务器与数据库之间的连接非常重要，而 Foxpro、Access 等桌面数据库无法满足这方面的要求，所以我们选择微软的 SQL Server 2000 作为数据库平台，与 IIS 有良好的集成能力。

一、SQL Server 2000 简介

Microsoft 公司的 SQL Server 2000 是一个面向 21 世纪的数据库。作为 Windows 数据库家族中出类拔萃的成员，SQL Server 这种关系型数据库管理系统能够满足各种类型的企业客户和独立软件供应商构建商业应用程序的需要。根据客户的

反映和需求，SQL Server 在易用性、可伸缩性、可靠性以及数据仓库等方面进行了大幅度的改进和提高（闪四清，2000）。

SQL Server 是关系型数据库，它除了支持传统关系型数据库对象和特性外，另外也支持关系型数据库常用的对象如存储过程、视图等。另外，我们从它的产品名称就可以知道，它支持目前关系型数据库必定要支持标准查询语言——SQL（Structured Query Language）。SQL Server 另外一重要的特点是它支持数据库复制功能（Patrick Dalton，1998）。也就是当你在一数据库上执行更新时，可以将其更新结果传到 SQL Server 相同的数据库上。让两边数据库的数据保持同步。

SQL Server 最早是由另外一个关系性数据库 Sybase 演化而来的，目前，Sybase 专心在 UNIX 操作系统上开发数据库版本，而 Microsoft 则全力推广 Windows NT 版本。因为在 4.21版本以前，Microsoft 和 Sybase 皆能销售 SQL Server。所以我们可能会看到两家公司的 SQL Server，但事实上两者是一回事。

SQL Server 在现今流行的 Client-server 结构中是扮演服务器端（Server 端）角色。它主要的职责是储存数据和提供一套方法来管理这些数据，并且应付来自 Client 的连接和数据存取需求（罗运模等，1999）。由于 SQL Server 是扮演 Server 端的角色，是数据的提供者，所以在 SQL Server 中看不到类似 GUI 设计的功能，也就是说 SQL Server 并不提供工具让你设计一个输入和查询的操作界面，另外你也看不到和报表设计有关的工具，因为对 SQL Server 所扮演的角色而言，这不是它的职责所在。这些用户操作界面的设计工作是 Client 端

（如 VB、PB）的事情。

二、SQL Server 2000 的特点

一般情况下，我们称 SQL Server 数据库系统为数据库引擎（Database Engine），它是整个数据库应用系统中的核心。同时还要利用前端开发工具，如 VB、Delphi、PowerBuiler 等产品开发出用户界面才能构成一整套完整的数据库应用系统。前端开发工具用来设计输入和查询界面，用户通过这个界面输入数据，再由前端程序通过网络传给后端的数据库引擎将数据存储在数据库。当用户要查询数据时，前端程序将查询命令传给后端的数据库执行，前端程序则等接收数据结果，然后再将结果显示在界面上。在目前的 C/S 结构中，是使用个人计算机和视窗操作系统作为前端的平台，所设计出来的操作界面都是视窗化的界面。SQL Server 可支持多种前端操作系统的连接，只要经过正确的设定，各种前端平台皆可和其相连接（Kalen Delaney，2002）。

要保证 SQL Server 和前端平台很好连接，很重要的一点是正确设定网络。在网络通信协议方面，SQL Server 要经由 TCP/IP、Netware 等通讯协议和前端平台相连（事实上是 NT 操作系统支持这些网络通讯协议）。前端开发应用程序是靠标准的 ODBC 或 OLE DB 数据库驱动程序和下层的 DB—Library 网络程序驱动（SQL Server 本身提供）和 SQL Server 相连。还需要 Microsoft Internet Explorer 4.01 版加上其 Service Pack.1，所需的网络系统只要是使用 Windows NT 或 Windows

95/98 内建的网络功能即可。除非使用 Banyan、VINES 或者 AppleTalk 等通讯协议才需额外安装。至于 Client 端则支持 Windows 95/98、NT Workstation、UNIX4、Apple Mcintosh Version 和 OS/2 Version 4 等连接（付刚等译，1994）。

所以，SQL Server 是较符合条件的数据库系统。SQL Server 几乎具有开发 Web 数据库系统所需要的全部优点。

（1）更高的性能和分时性。很多情况下，SQL Server 能提供比 Access 数据库更好的性能。并且，在 Windows NT 的支持下，SQL Server 可以极为高效地并行处理查询（在处理用户请求的单个进程中使用多个本地线程），同时也将添加更多用户时的附加内存需要量降低至最小。

（2）提高了可用性。使用 SQL Server，可以在正在使用数据库中对它进行递增的或完全的动态备份。因此，不必强迫用户为了备份数据库而退出数据库。也就是说，数据库可以每日每夜不间断地运行。

（3）改进的安全性。SQL Server 集成了 Windows NT 操作系统的安全性，为网络和数据库提供同一个登录过程。这时得能够管理复杂的安全方案。服务器上的一个 SQL Server 数据库也更好地被保护起来，因为未授权的用户不能直接访问数据库文件，而必须先访问服务器。

（4）即时的可恢复性。当系统出现故障时（例如，操作系统崩溃或电源突然断电等），SQL Server 具有一个自动恢复机制，可以在几分钟内将数据库恢复到一致性的最后状态，并且不需要数据库管理员的干预。

（5）可靠的发布数据和事务。对于支持要求严格应用程序的系统而言，事务处理是很重要的，例如，银行系统和联机订货输入系统。SQL Server 通过事务日志支持最小的事务，这样就保证了在事务中进行的所有更改要么提交要么恢复。即使在系统出现故障时，以及多个用户正在进行复杂更新时，也能保证数据库事务的一致性和可恢复性。SQL Server 将一个事务中的所有数据库更改都当作单个的工作单元。根据定义，要么安全的完成整个事务，并且在数据库中体现所有完成的更新，要么恢复该事务，撤销对数据库进行的所有更改。

（6）基于服务器的处理能力。微软从一开始就把 SQL Server 设计为浏览器/服务器数据库。数据和索引保存在单个服务器计算机上，很多客户计算机通过网络经常访问这个服务器计算机。SQL Server 通过将结果发送给客户机之前在服务器上处理数据库查询，减少了网络通讯量。这样，客户/服务器应用程序在最佳的位置——服务器上运行。

（7）经济划算。SQL Server 比 Oracle 要便宜很多，尽管他的性能也许不如 Oracle 出色，但对于中小型企业数据库而言，他已经完全能够满足用户的要求（Microsoft，1997）。

第二节　开发平台的选择

一、ASP 简介

ASP（Active Server Page，活动服务器页面）是 Microsoft

公司开发的服务器端脚本环境，自从 IIS 3.0 开始支持 ASP 以后，ASP 技术得到了空前迅速的发展。它能够将 HTML 页面、脚本命令、ASP 内建对象和 ActiveX 组件无缝地连接起来，从而创建功能强大的 Web 应用。在 CGI 和 IDC 的发展基础上，ASP 克服了 CGI 的效率低、编程繁琐等缺点，也克服了 IDC 功能简单的不足之处，能够创建动态而又高效的 Web 应用。

CGI 是一个用于定制 Web 服务器与外部程序之间通信方式的标准，使得外部程序能生成 HTML、图像或者其他内容，而服务器处理的方式与那些非外部程序生成的 HTML、图像或其他内容的处理方式是相同的。

ASP 属于 ActiveX 技术中的服务器端技术，因此与通常的在客户端实现的动态主页技术如 JAVA Applet、VBScript、JAVAScript 所不同的是，ASP 的命令和脚本都是在服务器中解释执行，送到浏览器的只是标准的 HTML 页面。这样一来，开发者便不必考虑浏览器的类型，也不必考虑浏览器是否支持 ASP；而且，在浏览器端看不到 ASP 源程序，程序的安全性得到了保证，开发的利益得到了保护（Scot Johnson，2000）。

目前大多站点的网页都是采用 ASP 技术开发的，其中包括 Microsoft 公司，而以前许多使用 IDC 技术开发网页的站点，都在逐渐转向使用 ASP 技术。

ASP 是服务器端脚本编写环境，其脚本以 . asp 为后缀的文件形式存在 Web Server 中。当客户用浏览器通过 HTTP 从 Web Server 请求一个 . asp 文件时，Web Server 启动 ASP（梅齐克等，2000）。Web Server 解释执行该文件，然后动态地将执行结果生成一个 HTML 页面反馈给客户端的浏览器。由于 ASP 支持 ActiveX 组件，这能够极大地扩展服务器的功能，它访问数据库也是通过一个 ActiveX 组件 ADO（Active Data Object）来完成的，通过 ADO，ASP 页面能够很方便地访问任何 ODBC 和 OLEDB 的数据源，并执行 SQL 语句以完成数据库操作。其过程如图 3 – 1 所示。

图 3 – 1 ASP 工作原理

Fig. 3 – 1 ASP principle

二、ASP 的特点

（1）ASP 可以和 HTML 或其他脚本语言（VBScript，JAVAScript）相互嵌套。

（2）ASP 是一种在 Web 服务器端运行的脚本语言，程序代码安全保密。

（3）ASP 以对象为基础，因此可以使用 ActiveX 控件继续扩充其功能。

（4）ASP 内置 ADO 组件，因此可以轻松的存取各种数据库。

（5）ASP 可以将运行结果以 HTML 的格式传送至客户端浏览器，因而可以适用于各种浏览器（Stephen Walther，

2000）。

三、ASP 页面的结构

ASP 的程序代码简单、通用，文件名由 . asp 结尾，ASP 文件通常由 4 部分构成：

（1）标准的 HTML 标记：所有的 HTML 标记均可使用。

（2）ASP 语法命令：位于 < % % > 标签内的 ASP 代码。

（3）服务器端的 Include 语句：可用#include 语句调入其他 ASP 代码，增强了编程的灵活性。

（4）脚本语言：ASP 自带 JScript 和 VBScript 两种脚本语言，增加了 ASP 的编程功能，用户也可安装其他脚本语言，如 Perl、Rexx 等（陈峰棋等，2002）。

第三节　Web 数据库开发与集成的关键技术

一、利用 ODBC 实现数据交换

要实现 Web 数据库系统，就必须确保数据库与 Web 服务器之间能够相互交换数据和保持信息的通路，这样才能使前台不断获取最新的信息并通过页面向数据库输入数据。在 Web 数据库系统中与数据库的连接主要有两种方式：ODBC 开放数据库连接和直接数据库连接。

通过 ODBC（Open Database Connectivity，开放数据库互

连），我们能够将 Web 服务器和各种数据库服务器相连，它为异质数据库的访问提供了一个统一的接口，使得应用程序能够按照相同的方式访问各种不同结构的数据库。

ODBC 基于 SQL（Structured Query Language），并把它作为访问数据库的标准。这个接口提供了最大限度的相互可操作性：一个应用程序可以通过一组通用的代码访问不同的数据库管理系统。一个软件开发者开发的客户/服务器应用程序不会被束定于某个特定的数据库之上。ODBC 可以为不同的数据库提供相应的驱动程序，因此，在 Web 数据库系统中使用 ODBC 接口的优势就是前台动态网页程序有很好的数据库兼容性，即使升级和更换数据库系统也不需要修改程序。

二、ODBC 的系统结构

ODBC 的灵活性表现在以下几个方面（泽仁志玛等，2005）：

（1）应用程序不会受制于某种专用的 API。

（2）SQL 语句以源代码的方式直接嵌入在应用程序中。

（3）应用程序可以以自己的格式接收和发送数据。

（4）ODBC 的设计完全和 ISO Call-LeVel Interface 兼容。

（5）现在的 ODBC 数据库驱动程序支持 55 家公司的数据库产品。

三、ODBC 与 Web 系统的连接

要使 Web 系统能够使用数据库，必须在 ODBC 管理器中

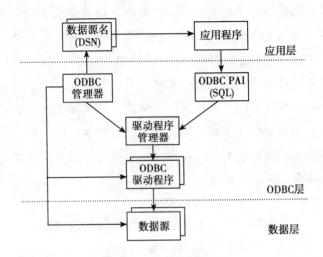

图 3 – 2　ODBC 系统结构

Fig. 3 – 2　ODBC system structure

进行适当的设置，建立起数据库与 Web 系统的连接。在利用 ODBC 建立数据库连接的 Web 系统中，Web 系统是通过 DSN 数据源名来识别和连接数据库的。ODBC 数据源分为以下 3 类：

（1）用户数据源。只有创建数据源的用户才可以使用他们自己创建的数据源，其他用户不能使用不是自己的数据源。在 Windows NT 下以服务方式运行的应用程序也不能使用用户数据源。

（2）系统数据源。所有用户和 Windows NT 下以服务方式运行的应用程序均可使用系统数据库源。

（3）文件数据源。所有安装了相同数据库驱动程序的用户均可以共享文件数据源。文件数据源没有存储在操作系统的登入表数据库中，它们被存储在客户端的一个文件中。所以，使用文件数据源有利于 ODBC 数据库应用程序的分发。

在 Web 数据库系统中，我们使用系统数据库方式，这样 WWW 服务器才能访问到数据库系统。安装完 ODBC 驱动程序并且在 ODBC 管理器中添加新的数据源后，我们就可以在 Web 系统的开发过程中，在程序中直接使用该数据源实现与数据库系统的连接和访问（张亮，2005）。

第四节 Web 与数据库集成的 ASP 技术

当用户申请一个 ∗.asp 主页时，Web 服务器响应该 HTTP 请求，调用 ASP 引擎，解释被申请文件。当遇到任何与 ActiveX Scripting 兼容的脚本（如 VBScript 和 JScript）时，ASP 引擎会调用相应的脚本引擎进行处理。若脚本指令中含有访问数据库的请求，就通过 ODBC 与后台数据库相连，由数据库访问组件执行访库操作。ASP 脚本是在服务器端解释执行的，它依据访库的结果集自动生成符合 HTML 语言的主页，去响应用户的请求，所有相关的发布工作由 Web 服务器负责。

有必要注意访库的具体运作细节。当遇到访库的脚本命令时，ASP 通过 ActiveX 组件 ADO（ActiveX Data Objects）与数据库对话。ADO 是建立在微软新的数据库 API，即 OLE DB 之上的，目前的 OLE DB 通过 ODBC 引擎与现存的 ODBC 数据库交互，进一步的 OLE DB 版本将直接与数据库打交道，不再通过 ODBC 引擎，并将执行结果动态生成一个 HTML 页面来返回服务器端，以响应浏览器的请求（Hillier S. 等，1998）。在用户端浏览器所见到的是纯 HTML 表现的画面，例如，用表格来表现的后台数据库表中的字段内容。由于 ASP 结合了脚本语言，可以通过编程访问 ActiveX 组件，并且具有现场自动生成 HTML 的能力，所以它成为建立动态 Web 站点的有效工具。

一、ASP 访问数据库步骤

在 ASP 中，使用 ADO 组件访问后台数据库，可通过以下步骤进行：

1. 定义数据源

在 Web 服务器上打开"控制面板"，选中"ODBC"，在"系统 DSN"下选"添加"，选定你希望的数据库种类、名称、位置等。本文定义"SQL SERVER"，数据源为"HT"，数据库名称为"HTDATA"，脚本语言采用 Jscript。

2. 使用 ADO 组件查询 Web 数据库

（1）调用 Server. CreateObject 方法取得"ADODB. Connection"的实例，再使用 Open 方法打开数据库：

conn = Server. CreateObject（"ADODB. Connection"）

conn. Open（"HT"）

（2）指定要执行的 SQL 命令

连接数据库后，可对数据库操作，如查询、修改、删除等，这些都是通过 SQL 指令来完成的，如要在数据表 signaltab 中查询代码中含有 "X" 的记录，则：

sqlStr = "select * from signaltab where code like ''%X%'"

rs = conn. Execute（sqlStr）

（3）使用 RecordSet 属性和方法，并显示结果

为了更精确地跟踪数据，要用 RecordSet 组件创建包含数据的游标，游标就是储存在内存中的数据。

rs = Server. CreateObject（"ADODB. RecordSet"）

rs. Open（sqlStr，conn，1，A）

注：A =1 读取

A =3 新增、修改、删除

二、信息定制与推送流程解析

邮件群发功能

```
<! --#include file = "admin. asp"-- >

<%

//定义邮件显示的通用信息

server. scripttimeout = 99999999

function searchlist( sendname, email, searchkeyword)

mailbody = mailbody &" < style > A: visited {TEXT-DECORATION: none}"

    mailbody = mailbody &"A: active {TEXT-DECORATION: none}"

    mailbody = mailbody &"A: hover {TEXT-DECORATION: underline}"

    mailbody = mailbody &"A: link {text-decoration: none; }"
```

mailbody = mailbody &"BODY {FONT-FAMILY: 宋体; FONT-SIZE: 9pt;}"

mailbody = mailbody &"TD {FONT-FAMILY: 宋体; FONT-SIZE: 9pt} </style>"

mailbody = mailbody &" < TABLE   border = 0   width = '95%'   align = center >
< TBODY > < TR > < TD >"

mailbody = mailbody

&"＊＊＊＊＊＊＊＊＊＊＊＊＊＊＊＊＊＊＊＊＊＊＊＊＊＊＊＊＊＊＊＊
＊＊＊＊＊＊＊＊＊＊＊＊＊＊＊＊＊＊＊＊＊＊＊＊＊＊＊＊＊＊＊＊"

mailbody = mailbody &" < br >您好! 我是"&sendname&" < br >"

//引用 sendname 字段信息

mailbody = mailbody &" < br >此邮件发送的是你在"&sendname&"所关心的最新
信息!!!"

mailbody = mailbody &"该邮件的发件人为"&sendname&"   发件人邮箱
为"&email&" < br >"

mailbody = mailbody &"如果需要回复,请发邮件至"&email&"! < br >"

mailbody = mailbody

&"＊＊＊＊＊＊＊＊＊＊＊＊＊＊＊＊＊＊＊＊＊＊＊＊＊＊＊＊＊＊＊＊
＊＊＊＊＊＊＊＊＊＊＊＊＊＊＊＊＊＊＊＊＊＊＊＊＊＊＊＊＊＊＊＊"

mailbody = mailbody   &" < iframe   src =/Include _ s. asp? TypeId = 1 "
&searchkeyword&"   name = search   width = 500   marginwidth = 0   marginheight = 0   align =
middle   scrolling = yes   frameborder = 0 > </iframe >"

mailbody = mailbody &" </TD > </TR > </TBODY > </TABLE >"

searchlist = mailbody

end function

```
sql = "select * from reguser" //从 reguser(注册用户数据库)中进行检索

set rs = conn. execute( sql)

countit = 0
title = "马铃薯门户"
sendname = "马铃薯门户"
email = "malingshu_ 2006@163. com "//发信人邮件地址
sub sendmail( user, email, title, body) //定义邮件群发程序
set msg = Server. CreateOBject ( " JMail. Message " ) //调用支持邮件群发的程序:
JMail. Message
msg. Logging = true
msg. silent = true
msg. Charset = "gb2312" //邮件文字的代码为简体中文
msg. ContentType = "text/html"
msg. mailserverpassword = "test_ pass" //此为您邮箱的登录密码
msg. mailserverusername = malingshu_ 2006@163. com //此为您邮箱的登录账号

msg. From = "malingshu_ 2006@163. com"//发件人 Email
msg. FromName = "malingshu. com" //发件人姓名
msg. AddRecipient email, user//收件人 Email
msg. Subject = title//邮件主题
msg. Body = searchlist( sendname, email, rs( "searchkeyword")) //邮件正文
msg. Send ( "smtp. 163. com") //SMTP 服务器地址(关于这点, 不同的提供商有不同的服务
```

器)

```
msg. close( )
//邮件是否发送成功
if not msg. Send( "smtp. 163. com") then
Response. write " < pre > " & msg. log & " < /pre > "
else
Response. write "发送: "&user&" ┃ "&email&" 成功! < br > "
response. flush
end if
end sub
while not rs. eof
email = rs( "email") //这里是邮件地址列
user = rs( "username")
countit = countit + 1
sendmail user, email, title, body
rs. movenext
wend
//邮件计数
response. write "计发出: "&countit&"封信"
response. end
% >
```

支持邮件群发的程序

```
< %
```

```
Dim SendMail

Sub Jmail( email, topic, mailbody)//定义邮件发送子程序

    on error resume next

    dim JMail//定义变量名称为 JMail

    Set JMail = Server. CreateObject( "JMail. Message")//创建 JMail 对象

    'JMail. silent = true

    JMail. Logging = True//启用使用日志

    JMail. Charset = "gb2312"//邮件文字的代码为简体中文

    JMail. MailServerUserName  =  smtpname //您的邮件服务器登录名
/登录邮件服务器所需的用户名

    JMail. MailServerPassword  =  smtppass //您的邮件服务器登录密码
/登录邮件服务器所需的密码

    JMail. ContentType  =  "text/html"//邮件的格式为 HTML 的

    JMail. Priority = 1//邮件的紧急程度, 1 为最快,5 为最慢, 3 为默认值

    JMail. From  =  siteemail//发件人的 E-MAIL 地址

    JMail. FromName  =  site//发件人的姓名地址

    JMail. AddRecipient email//邮件收件人的地址

    JMail. Subject = topic//邮件的标题

    JMail. Body = mailbody//邮件的内容

    JMail. Send (smtpserver)//您的邮件服务器地址

    Set JMail = nothing

    SendMail = "OK"

    If err then SendMail = "False"

end sub
```

```
sub Cdonts( email, topic, mailbody)
    on error resume next
    dim objCDOMail
    Set objCDOMail = Server. CreateObject( "CDONTS. NewMail")
    objCDOMail. From = mail_ from
    objCDOMail. To = email
    objCDOMail. Subject = topic
    objCDOMail. BodyFormat = 0
    objCDOMail. MailFormat = 0
    objCDOMail. Body = mailbody
    objCDOMail. Send
    Set objCDOMail = Nothing
    SendMail = "OK"
    If err then SendMail = "False"
end sub


sub aspemail( email, topic, mailbody)
    on error resume next
    dim Mailer
    Set Mailer = Server. CreateObject( "Persits. MailSender")
    Mailer. Charset = "gb2312"
    Mailer. IsHTML = True
    Mailer. username = smtpname//服务器上有效的用户名
    Mailer. password = smtppass//服务器上有效的密码
```

```
            Mailer. Priority = 1

            Mailer. Host = smtpserver//您的邮件服务器地址

            Mailer. Port = 25 // 该项可选. 端口 25 是默认值

            Mailer. From = siteemail

            Mailer. FromName = site // 该项可选

            Mailer. AddAddress email, email

            Mailer. Subject = topic

            Mailer. Body = mailbody

            Mailer. Send

            SendMail = "OK"

            If err then SendMail = "False"

    end sub

    % >
```

马铃薯专题文献数据库
查询系统设计

第一节　数据库建设

一、数据库的功能目标

该系统的开发必须先对专题文献数据库进行详细的调查研究，采用结构化系统分析，对数据流程、数据结构进行详尽的分析，结合计算机网络技术特点，制定一个适合各类型用户使用的逻辑模型。该系统还采用数据字典技术以提高系统的通用性与可维护性。该系统涵盖了专题文献数据库的建库工作及 Web 页面的查询功能，为管理员管理，非管理员查询提供信息技术支持手段和工具。

该系统采用 Internet 和 Intranet 技术、先进的网络结构、先进的网络前端开发工具、大型数据库的后台服务、B/S 结构、ASP 三层结构。该系统可根据用户的具体情况，采用模糊查询技术。该系统还提供管理员管理业务，能在远程进行小规模的记录的增、删、改。

二、专题文献数据库建设中应注意解决的几个问题

就我国信息产业整体发展的水平而言，专题文献数据库建设是相对落后的，因而，重视和解决专题文献数据库建设中存在的问题，是当务之急。从目前的情况看，存在的问题主要有以下几方面：

（一）功能设计不完善

从网络上目前各高校、科研院所建的专题文献数据库上来看，存在的最大问题即是检索功能不完善。中国农业大学的自建数据库是单关键字检索，而东北农业大学图书馆所建宠物数据库只能按分类进行简单的浏览。能够提供分层检索给用户那就更是少有了，由此引发的用户使用上的不便就可想而知。由于其功能设计上的不完备，造成利用率非常低，文献资源大部分处于闲置状态，影响了专题特色数据库建设的意义。

（二）数据更新及标准化问题

数据的及时更新，是数据库的生命，是数据库生存、发展的基础，更新、更快、更多、更准、更全的数据才能吸引更多的用户使用。我国目前尚没有明确的数据更新规定，数据的更新完全依靠各数据库开发商自行规定，周期长短不一，随意性大。在现有标准的执行中，各个制作单位也存在着不同的理解和认识，如主体标引的深度，主题词、关键词、自

由词关系的揭示等。这些都将对数据库的开发建设和推广应用产生不利的影响。

（三）数据库资源利用率低

文献数据库建设的最终目的是提供用户使用，但实际情况并不理想。据调查在我国大约 1 000 万条的自建数据库记录数中，只有 3% 左右得到利用，高校图书馆的情况也基本如此。造成这种状况的原因主要有两方面：首先，由于信息服务手段滞后，数据标准化程度低，造成数据库产品共享程度差，信息需求不足，数据库资源浪费严重；其次，缺乏有效的市场营销机制，产品难以形成需求市场。

专题文献信息数据库的建设是文献信息网络建设的重要内容，我们应该着眼未来，在标准化、规范化的基础上，建设各具特色的信息资源共享网络，使专题文献信息资源在信息产业中发挥更大的作用。

三、系统开发需要解决的关键问题

系统开发需要解决的关键问题主要包括功能分析、建设专题文献数据库系统的信息资源结构体系、Web 与数据库连接问题、安全问题、网络连接技术问题。

第二节 数据库模块建设及功能实现

一、文献查询系统模块建设

数据库查询系统业务模块如图4－1所示。

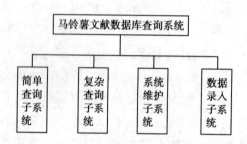

图4－1 专题文献数据库查询系统总体模块

Fig. 4－1 The database retrieval system

二、文献资源数据库子系统功能的实现

（一）简单查询

功能：根据用户的需要，通过字段检索，按照选定的分类，检索出相关文献。

字段：设置了文献的题名、作者、关键词、期刊名、机构、出版年卷期、摘要、正文查询。其中文献的篇名指期刊中的文章的题名；关键字是由作者或者专业标引人员给出的可以标识文献的主要词汇；期刊名指文献的来源；机构指撰写本论文的作者所在单位；出版年卷期指期刊出版的年份、卷数、期号。

检索词：按照所选择的字段，输入需要检索的词。此内容的查询采用模糊匹配技术，输出后台数据库中与查询条件符合的所有记录。

检索：按用户所输入的字段进行检索，并且按系统设定的格式输出文献。

重填：全部重写。将检索词输入框中的文字清除，重新输入。

（二）高级查询

功能：根据提供的分类及多字段之间的逻辑与和逻辑或实现复杂查询功能。

字段：共提供了四组逻辑"与"及逻辑"或"来实现复杂逻辑检索。其中字段的设置与简单检索中完全相同，不同的是，增加了三个逻辑"与"及逻辑"或"的限定，其中逻辑"与"是检索两个检索限定中的交集部分，此功能提高了检索的查准率，而"或"则是检索两个检索限定中的交集部分，它将提高检索的查全率。它是面向经常使用检索系统，而且对课题分析比较透彻，有能力作逻辑分析的高级用户。尤其对于身在第一线的检索专业人员来讲，这项功能尤其重要。达到了检索中要求的查全率及查准率的要求。

在此我们会提供模糊查询的功能，即只要确定检索入口和需要检索的关键词中的任何一个字符，在数据库中指定字段内的包含该字符的所有记录都可被检索出来。

（三）模糊查询

所谓模糊查询是指只要用户在确定检索入口后，输入要检索的关键词中的任何一个字符，在数据库指定字段中包含该字符的所有记录就都可被检索出来。例如：要检索出题名字段中包括"单倍体"二字，然后按"检索"按钮，那么在数据库中所有记录的题名中含有"单倍体"的记录都可以在检索结果页中被显示出来。

（四）管理员系统

管理员系统是一个专为系统管理员设计的拥有特殊权限的窗口。系统管理员通过这个窗口可以直接对后台数据库进行添加、修改和删除等操作，而无需登陆后台数据库，在进行小批量数据维护时特别方便。由于网络的公开性及数据库的安全问题，我们采用用户身份认证的方法，以确保后台数据库的安全性。

1. 录入系统

录入系统是针对数据一次性的录入操作，此操作直接针对后台数据库，由系统管理员在登录服务器上操作，因此我们选用 PB 作为前台开发工具，实现程序对数据库的添加、修改、删除等维护的操作。

数据录入子系统结构功能如图 4 - 2 所示。

登录功能：即在进入录入系统时按照不同的用户设置其权限，而这就是靠给不同用户分配不同的密码来限制。通过此功能，可以使具有管理员职能的人拥有更多的权限，此系

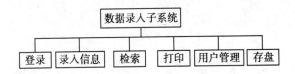

图 4 - 2 录入系统功能图

Fig. 4 - 2 Input system

统中管理员具有删除等普通录入员没有的功能。这样，可以使系统的安全性得到一定的保证，避免因为过失操作造成数据的丢失。

录入信息模块：通过此项可以按照系统设定的字段实现专题文献的录入。管理员根据设置好的录入界面，按提示字段，逐一输入，然后点击"确认"，完成记录的增加。管理员还可以对已增加的数据进行修改、删除、推荐等二次操作。

2. 分类信息模块

实现功能：通过此项可以实现信息资源类型的分类（学位论文、会议论文、期刊论文）。

添加：可以在当前的分类中添加新的分类选项。

删除：可以将分类选项中分类不合适的删除。

保存：保存对分类所做的修改，保存后的分类选项将在录入时的下拉菜单中体现。

信息服务的拓展

第一节 信息定制服务

一、概述

信息定制服务是网络时代个性化的信息服务的主要方式之一。它能够满足用户个性化信息需求。它运用先进信息技术，通过用户定制获取用户个人信息，了解和推测用户的需求，从而为用户提供更为到位的信息服务，提高用户满意度。同时通过与用户的直接或间接沟通，改善与用户的关系，增加用户的忠诚度。在 Internet 网络中，已出现了多个以满足用户个性化需求而创建的专一领域内的用户定制网站，如，Yahoo、PTV、GMBuypower、Staples 等。其中，PTV 是提供个性化服务的电视节目门户网站。用户在 PTV 中注册时提供自己感兴趣的节目类型、时间和频道等信息，建立个人档案；而 GMBuypower 和 Staples 则是提供电子商务方面用户定制信息的网站（沈丽宁，2004）。通过信息定制服务，可实现以下功能：

（1）可以根据个人需要选择浏览的期刊论文和相关主题。

（2）可以通过 E-mail 获取网站提供的最新信息。

（3）可以拥有个性化的检索界面。

（4）可以长时间保留及调用自己的检索策略。

（5）可以随时修改个人信息或取消定制服务。

（6）可以及时了解专业发展动态。

（7）可以与信息出版商形成信息互动。

信息定制服务也是一种培养个性，引导需求的服务，这样可以帮助个体培养个性，发现个性，从而促进信息服务的适应性、多样性，为用户提供具有针对性的信息资源。它主要包括 3 个方面的内容：服务时空的个性化，在用户希望的时间和地点得到服务；服务方式的个性化，能根据用户个人习惯和特点来开展服务；服务内容个性化，所提供的信息符合用户的特定需求。

二、个性化定制服务的内容

在个性化定制信息服务中，用户可以根据自己的兴趣和需要定制信息。定制的内容包括界面、资源两大类（张晓琳等，2001）。

系统界面定制。系统界面定制包括界面结构和界面内容的定制。界面结构指系统界面的总体模块类别和布局形式，例如，页面包括哪些服务，各服务模块的布局，界面上 Logo、图像、菜单等的位置设置，界面色彩设计等。一般来讲，系统将提供给用户多个可供选择的模板，允许用户进行一些简单的操作。例如，my. 163. com 定制服务中，用户输入个人信息后，就可在 my. 163. com 提供的新闻、财经、体育、休闲、文化等 11 个栏目以及搜索引擎、股市行情、网易直通车等 7 个实用工具中选择所需栏目和工具以及它们在系统工具栏区域的上下左右位置。界面内容定制主要是对各个信息或服务模块的具体内容进行定制。例如，在 my. 163. com 的休闲栏目下，系统默认提供的只有"热点报道"，用户感兴趣的话，还可以选择"宠物"、"旅游"、"时尚"、"收藏"、"音乐"等内容并调整他们在"休闲栏目"下的排列位置。

系统资源定制。传统的图书情报服务界面对所有专业、层次、地域的用户都提供统一的资源和服务，而新时代的信息定制服务则要求能依据用户各自具体想法和需求为用户提供所需具体资源和服务集合，这些资源可能包括：数据资源——"我的数据库"（My Databases）、网络资源——"我的个人链接"（My Personal Links）等，将符合用户实际经常需要的各类网络资源组织起来，形成个人网络图书馆；服务功能——"我的定题资料选报"（My current Awareness）、我的资源提醒（Alert）等。

三、信息定制功能的实现

个性化信息定制服务流程如下：

（1）用户首先在系统中注册，注册时登记个人信息，并可以进行相应内容定制。

（2）系统将用户定制内容生成用户档案，存入用户信息库；如果用户没有进行内容定制，系统将跟踪用户行为，并将有关信息存入用户信息库。

（3）系统根据用户信息库进行信息处理，提供用户需要的个性化的网页等个人信息。

（4）用户可以对获得的信息进行评价，系统再对反馈信息进行分析，调整用户信息库内容（张红等，2004）。

其工作流程如图 5 - 1 所示。

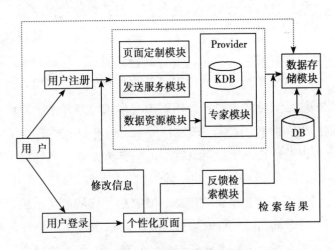

图 5 - 1 信息定制体系结构图

Fig. 5 - 1 The structure of information customization

本系统的主要功能是用户根据自己的研究方向、信息需求对系统提出检索服务请求，由系统的专家服务模块对用户的请求进行智能检索处理，并对数字资源和其他内容进行筛选、整理。用户完成设置后，动态建立个性化页面，显示定制内容。结构如图 5-1 所示。

主要模块功能：

（1）用户注册模块。用户首次进入系统页面时，系统提示注册登录，注册完毕，进入定制内容的页面。定制完成后，将直接登录进入用户个人页面。

（2）页面定制模块。该模块主要是页面布局、信息内容、检索结果显示形式的定制。用户可以根据信息需求，选择所需的内容栏目，选择完毕后提交服务器，程序把提交信息整合，保存在数据库里。用户登录后，就能看到所需的资料信息，自己喜欢的页面风格，自己所需的信息栏目。

（3）数据资源模块。数字资源的与日俱增，使得各种资源数据库越来越多，而对具体的用户来说，他并不了解所有的数据库。面对不同需求的用户，还可以提供相关数据库。用户可以通过这一模块定制常用的数据库，检索提问以及信息需求，为用户整合、调用其他的相关数据库资源。

（4）专家服务模块。在图书馆中专门有从事文献检索研究的人员，他们研究检索策略、技巧，以及最新数据库的检索方法。本模块将结合检索专家的经验，对每一位用户的需求信息进行预处理，其主要功能是解析用户的检索提问和检查用户输入信息需求与检索策略。用户提交时，系统判断用户输入的数据是否正确、完整，如果输入有误，则重新返回输入页面，让用户重新输入，也就是通过专家服务模块，用户得到了解析后的检索提问。

（5）发送服务模块。用户的信息服务定制由系统将定制结果保存到服务器端的数据库，同时将数据检索结果按用户定制方式发送给用户。

（6）反馈检索模块。根据初始检索显示的检索结果，由用户选择一篇相关性好的文献，反馈给系统，系统将重新对检索特征项进行判别，自动生成新的检索结果。该模块主要用于提高用户的检索效果。

（7）数据存储模块。用户的个人信息以及定制信息需要保存在数据库中，供用户使用。系统同时记录用户所使用过的检索词，等下一次用户登录，则显示以前用过的检索词，用户可以进行修改、删除已定制的数据库，以及使用过的检索词。在本系统中采用 JavaBeans 来访问数据库，每个模块将数据信息传递给 JavaBeans，然后由 JavaBeans 完成数据的存储。

第二节　信息推送服务的实现

一、信息推送技术（Push Technology）的内涵

信息推送服务是基于推送技术发展而出现的一种新型服务。在"推送"技术问世之前，用户往往利用浏览器在 Internet 上搜寻来获取信息，一方面，面对浩如烟海的信息，很多用户花费相当多的时间和费用也难以"拉取"到自己所需要的信息；另一方面，信息发布者希望将信息及时、主动地发送到感兴趣的用户计算机中，而不是等着用户来拉取。信息推

送技术的出现，为人们展现了 Internet 发展的一个新方向；它是基于对用户兴趣把握的前提下，主动将信息呈现给用户，这样，用户可以及时了解和掌握最新的或更新的信息（袁俊杰等，2005）。

Push 技术是因特网应用技术，它与许多新技术一样，虽然目前还没有较为统一的定义，但比较具有代表性的定义有：所谓信息推送技术，就是通过软件工具，在 Internet 网上自动搜索用户所需的信息，并将这些信息传送到用户电脑上的技术；所谓 Push，就是"Web 广播"，能够自动搜集用户最感兴趣的信息，将其定期地推入用户机硬盘以备取用，帮助用户高效率地发掘有价值的信息；Push（推送）技术，是通过一定的技术标准或协议，把用户感兴趣的信息直接推送给用户而无需他们自己来取，从而提高了信息的获取效率；推送技术是一种信息发布技术，也就是网络公司通过一定的技术标准或协议，从网上的信息源或制作商那里获取信息，再通过固定的频道向用户发布信息的技术；Push 技术是把数据信息"推"给用户，而不是让用户自己去搜寻并从 Web 上"Pull"。Push 程序根据用户自己事先规定的设置文件，而不是根据即时要求送给用户信息，并在信息更新的时候，能把更新以后的内容送给用户，由此 Push 技术又被称为"喂送技术（Feed Technology）"，服务方不需要用户方的请求即可主动地将数据送至客户方（王培凤，2005）。

综上所述，所谓推送技术（Push Technology）就是一种按照用户指定的时间间隔或根据发生的事件把用户选定的数据自动报送给用户的计算机数据发布技术。可以说信息推送服务是传统定题服务在网络环境下的一种再现。信息推送服务的基本过程是：用户信息需求了解、专题信息搜索、信息定期反馈。一般首先是由用户先向系统输入自己的信息需求，这包括用户的个人档案信息、用户感兴趣的信息主题等，然后由系统或人工在网上进行针对性的搜索，最后定期将有关信息报送至用户主机上。这里突出的是信息的主动服务，即改"人找信息"为"信息找人"，通过邮件、"频道"报送、预留网页、寻呼机等多种途径送信息到人。目前，许多的信息服务机构都推出了诸如个性化频道定制，个人智能化搜索代理等式。比起由用户自助式的网上搜索，报送服务的最大特点就是能实现用户一次输入请求，定期地不断地接受到最新的信息。尽管自助式搜索比起传统手工检索已经是一个巨大的进步，但推送服务无疑是将用户又进一步推向了"上帝"的宝座（张素霞，2004）。

事实上推送服务应用前景十分看好，应用领域也十分广泛，除了 ISP/ICP 服务商可以按指定内容向个人发送信息外，推送服务还可用于出版商发布最新出版信息；软件开发者发布软件更新版本；报社提供个人化报纸；广告商发布广告和宣传资料；在线大学向学生发送通知和教材；数字图书馆信息网按个人用户提供专题书目，报道最新图书、会议消息等。

因而从技术上看，个性化信息推送服务就是具有一定智能性的、可以自动提供信息服务的一组计算机软件。或者将其描述为，基于 Internet/Intranet 网络环境的一个高度专业化、智能化的网络专题信息服务系统。该软件不仅能够了解、发现用户的兴趣（可能关心的某些主题的信息），还能够主动从网上搜寻信息，经过筛选、分类、排序，按照每个用户的特定要求，主动推送给用户。

从功能上看，我们还可以个性化信息推送服务描述为：网络环境下能够为用户主动提供个性化信息服务的智能代理。由于这种服务模式与传统 SDI 服务有某些相同的特征，因而我们也可将其形象地称为网上 SDI 服务（彭国莉，2003）。

二、信息推送技术的特点

信息推送技术的问世，为用户从因特网上高效地获取信息提供了可能，这也是受到人们普遍关注的原因。现在，许多网站或信息服务商都利用这种技术为用户提供主动信息服务。相对于传统的 Client/ Server 体系结构中的信息拉取（Pull）服务而言，信息推送技术具有以下特点。

（一）服务的主动性

主动性是"推"模式网络信息服务的最基本特征之一。推送技术的核心就是服务方不需要客户方的及时请求而主动地将数据传送到客户方。这也是它与基于浏览器的"拉"（Pull）模式的被动服务的鲜明对比。即当有新的信息需要提交或到达时，依据传送信息的类型和重要性的不同，Push 软件会在用户不发出信息查询请求的情况下，通过 E-mail、播放一种声音、在屏幕上显示一条消息等不同方式及时、主动地通知用户进行读取，提高了用户获取信息的及时性。

（二）个性化（针对性）

Push 服务的前提之一就是根据用户的特定信息需求为用户量身订制，把为特定用户而搜集整理的信息通过一定的机制将信息推送至用户，充分体现了用户的个性化信息需求。个性化服务是动态而主动的，用户只要在最初设定好规则之后，系统就能够自动跟踪用户的使用倾向，不需要用户的请求而主动地将信息传送给用户；Push 技术不仅可以针对用户的特定需求进行检索、加工和推送，而且还可以根据用户的特定信息需求为其提供个人定制的检索界面。因此，个性化的主动信息服务是 Push 技术最基本的特点之一（程文琴，2005）。

（三）用户内容定制服务

用户可设定连接时间和定制信息推送的内容，Push 服务器按订单制定传送的内容和传送参数。从用户角度看，内容定制使得用户可要求 Push 服务器有选择地推送其感兴趣的信息；从信息服务系统的角度看，则可依用户订单将信息分类推送，以适合不同用户的不同需求。

（四）智能化

Push 技术服务系统中的信息是高速流动的，Push 技术中的"客户代理"，可以定期自动对预定站点进行搜索，收集更新信息送回用户。Push 服务器能够根据用户的要求自动搜集用户感兴趣的信息并定期推送给用户。甚至，个人信息服务代理和主题搜索代理还可为了提高"推送"的准确性，控制搜索的深度，过滤掉不必要的信息，将 Web 站点的资源列表及其更新状态配以客户代理完成这样，当添加新的信息时，只需建立相应的频道定义格式 CDF 文件，而不必改动 Web 站点原有的组织结构。因而，网络环境下的信息 Push 服务具有较高的智能性。这也是传统 SDI 服务不能比的。

（五）高效性

高效性是网络环境下个性化信息推送服务的又一个重要特征。Push 技术的应用可在网络空闲时启动，有效地利用网络带宽，比较适合传送大数据量的多媒体信息。由于信息推送技术采用了信息代理机制，一方面可降低重复的、无关的信息在网上传递，避免了垃圾信息对网络资源的大量占用；另一方面浏览器定期检查频道的更新信息，如遇变化信息，浏览器自动下载并缓存新内容，使用户可以离线浏览而减小网络的开销。

（六）灵活性

灵活性是指用户可以完全根据自己的方便和需要，灵活地设置连接时间，通过 E-mail、对话框、音频、视频等方式获取网上特定信息资源。

（七）综合性

个性化信息推送服务的实现，不仅需要信息技术设备，而且还依赖于搜寻软件、分类标引软件等多种技术的综合（韩丽，2004）。

三、马铃薯信息门户信息推送技术实现的工作流程

将网络信息查询与收集有机地结合起来，建立面向用户、面向主题的基于智能代理的新型信息服务系统。这种新的服务模式包括两个方面：一是面向用户的个人信息助理 PISA（Personal Information Searching Assistant）；二是面向主题的主题信息代理 SIA（Subject Information Agent），每个 SIA 仅提供某个领域的主题服务，SIA 和用户间的业务通过 PISA 来实现（图 5 - 2）。

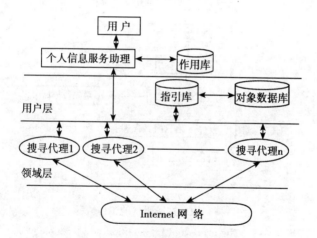

图 5 - 2 信息推送服务的工作机理

Fig. 5 - 2 The principle of information push service

从某种意义上说，基于 Push 服务器的方式才是真正意义上的"推送"。图 5 - 2 展示的是基于 Push 服务器方式的一种网上信息服务模型。它由两大部分组成：一个是面向用户的

服务模块，它的功能类似于客户部件；另一个是面向主题的
信息搜索加工模块，它类似于 Push 服务器。

根据以上对个性化信息推送服务的概念与特点的描述和
作用机理分析，其具体的工作流程如图 5-3 所示（程文琴，
2005）。大致分为以下几步：用户需求信息的获取、用户特征
数据库的建设、网上信息的查询、收集、评价与筛选和加工、
指引库建设、在指引库中检索用户所需信息、将信息传送给
用户。

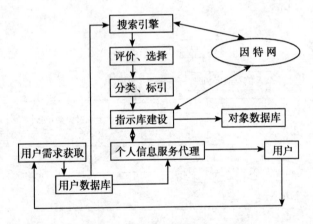

图 5-3　信息推送服务的工作流程

Fig. 5-3　The process of information pull technology

四、信息定制与信息推送业务在马铃薯文献检索系统中的实现

信息定制与信息推送是相辅相成的连续过程，是信息服

务发展的一个必然趋势。在本系统中，为了方便检索者后续
的研究工作，特增加了此个性服务类型。

信息检索是一个连续过程，尤其在研究资料查检时，要
求资料的跟踪获取，但由于国内几乎所有数据库内并不提供
这一跟踪检索服务，所以，用户不得不再抽出时间，重新进
行过去检索请求的新一轮检索，时间浪费了不少。针对这一
现状，本系统开发的信息定制与推送正好可以解决这一问题。

此服务体系由两部分来完成，一是用户需求的快讯定制；
二是系统完成检索后的信息送传。信息用户在一次检索完成
后，可以对本次检索历史进行保存，并进行快讯的定制。如
果选择快讯定制，系统将提示用户填写快讯定制表单，其内
容这：信息主题、发送的频率、接收的地址等项目。在发送
频率项目中，分一天一次、一周一次、两周一次、一个月一
次、三个月一次几项，用户可根据个体情况自己选择；发送
延续时间分一个月、两个月、半年、一年四个用户选项，在
最后检查无误后，用户就可以保存定制，如图 5 - 4 所示。系
统在接受用户定制表单后，将根据表单内容，从定制保存后
开始计时，按时在数据库内进行所需资料的检索，然后发送
到指定邮箱，完成推送过程，系统发送格式为简单格式（论
文名、作者、机构、来源期刊）。若用户对于已经定制的快讯
不满意时，可以随时进行快讯的修改，修改之后重新定制，
系统将根据用户最后修改的结果，重新发送新信息给用户。
另外，对于快讯内容即检索历史的修改也是可以随时进行的，
用户可以通过调整检索词和布尔逻辑式，扩大或缩小检索范

围，构建符合自己要求的检索式，存入系统，这时，系统也会根据用户调整后的新内容进行检索，然后发送快讯，完成推送过程。

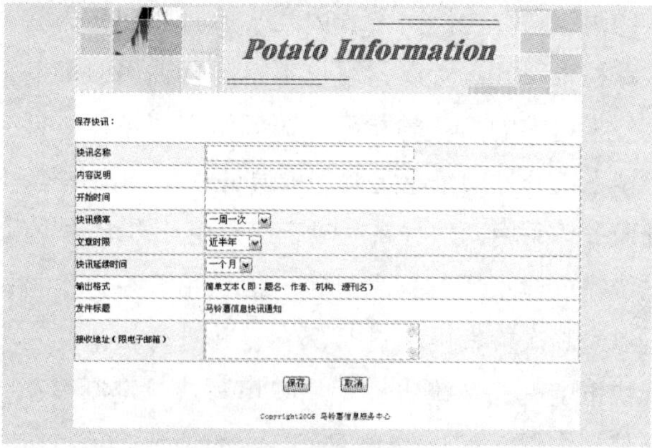

图 5 - 4　马铃薯信息服务系统快讯定制页面

Fig. 5 - 4　The alert page of potato information system

用户在第一次使用此服务时，需先进行用户注册，应如实填写真实信息，用户信息在系统用户信息库内保存。每一次使用本服务时，用户首先要经过 ID 论证，然后进入到自己的个性化服务界面，可以看到自己已保存过的检索历史和针对某一检索历史所定制的发送快讯的有关信息。用户名和密码在系统内是唯一的，有效地保证了系统的正常运行。系统会根据用户订制的内容，定期向用户地址发送检索结果（接收地址为用户在定制页面所填写的接收邮箱，一般为用户个人邮箱，也可以是其他用户邮箱），帮助用户完成检索请求。用户只要记住自身的用户名与登录密码，可以随时在任何一台 Internet 网络计算机上获取服务，用户应注意的是，假如用户是在公共的计算机用户终端使用自己的个性化服务项目，在结束使用时，应当退出系统并关闭浏览器。否则，后面的用户可以使用前一个用户的个性化界面。

第三节　平台在线咨询服务的实现

一、在线服务的内涵

在线参考咨询服务 ORS（Online Reference Service）也称网络参考咨询服务 NRS（Network Reference Service）、数字化参考咨询服务 DRS（Digital Reference Service）、虚拟参考咨询服务 VRS（Virtual Reference Service）、电子参考咨询服务 ERS（Electronic Reference Service），是与数字图书馆系统、其他网络参考咨询系统、其他信息服务机制和用户服务机制相结合的一种新型信息服务模式。ORS 是一项基于互联网服务，不受系统、资源和地域等条件限制，利用相关资源通过专家为用户提供 24 小时不间断服务，使用户在限定的时间内获得可靠信息的新型虚拟咨询服务。其实质是通过网络化、数字化的手段为用户提供咨询服务，帮助用户获取所需信息。ORS 的工作机制主要包括问题接收、提问排队等候专家问答、专家生成答案、答案发送、跟踪等五个主要步骤。用户提问和咨询专家的回答以基于 Internet 的各种电子方式进行，包括各种交互式的网络工具：电子邮件（E-mail）、电子公告板

（BBS）论坛、网络寻呼机（ICQ）、网络聊天室（IRC）、桌面视频会议（DVC）等。其核心是一种分布式信息网络中心，具有特定知识和技能的"咨询专家"对用户的个性化服务。它突破了传统参考咨询服务的时间和空间限制，人们可以在任意时刻获取或提供信息，因而是一种更为灵活的、个性化的信息服务和信息获取方式（覃凤兰，2005）。

二、在线咨询服务的特征

在线参考咨询服务以不断创新的知识为基础，它是一种知识密集型、智慧型的咨询服务方式，因而具有如下4方面的特征：（1）针对性。即根据不同的用户采取不同的服务策略，提供不同的信息知识。（2）主动性。即按照用户的专业特征、研究兴趣主动推荐相应的资源。（3）引导性。通过用户交互式查询和知识评价，培养用户个性、引发需求、提高数字资源的利用率。（4）灵活性。根据读者的需求，可灵活选择在线咨询服务的方式，在有咨询员在线值班时，我们可以在网上通过提供的实时解答区与读者进行对话，也可以通过电话进行咨询，在没有咨询员在线值班时，用户可以直接进入我们的常见问题库（FAQ）中查看是否已经有了你想要询问的问题的解答。用户也可通过咨询台的 E-mail 信箱，将问题发送至咨询员，不久他将会得到问题的解答。

三、在线咨询实现的方式

(一) 邮件、表单等异步交流形式

网络信息交流与服务主要以远程、虚拟为特征，形式多样，而异步交流形式是目前在线咨询使用比较普遍的一种方式，主要包含电子邮件（E-mail），电子表单（Webforms）和常见问题解答（FAQ）等方法（李南，2004）。其中，电子邮件是目前人们利用网络最频繁的方式。电子邮件式的交流方式是指用户可以通过网页上的链接，将所要咨询的问题以电子邮件方式发送给专业的咨询人员，咨询人员将答案再通过电子邮件方式返回给用户，这是最简单也是目前最流行的一种网络环境下的信息服务交流形式，通常用于解决比较复杂的咨询问题；电子表单一般用来填写用户检索请求的具体情况，是针对特定需要而定制的，网站工作人员通过接受表单接受用户请求的沟通方式；常见问题解答（FAQ）主要是提供本网站内一些基本知识，站内信息资源类型，检索本网站内的信息资料、浏览网上信息资源时可能遇到的困难的解答，简单数据库的检索方法等内容，完善帮助用户理解、利用站内信息资源。

(二) BBS 中的信息交流

BBS 是 Bulletin Board System 的缩写，中文全称为"计算机电子公告牌系统"通常被称为"电子布告栏"或"电子公告牌"，作为一个网站论坛使用。在世界网络迅速发展的今

天，BBS 也成为用户与专家信息交流的主要阵地。它是一个自由的、开放的空间，任何用户在任何时候都可以在上面提出建议，发表看法，抒发感想，因此深受用户喜爱。正因为它的这种平等性与交互性，BBS 在与用户信息交流过程中起了重要作用。只要对 BBS 的言论进行正确的监督引导，实施有效的管理，BBS 会成为信息咨询服务中的一块净土。BBS 为专家与用户提供了崭新的服务领域和交流平台，使网络用户真正摆脱时间与地域的限制，最快的得到需求的满足。

新世纪的 BBS 有了更新的特点：

（1）服务对象社会化：网络的高速发展，最明显的一个优势就是使专家与用户可以在非面对面情势下，完成咨询与解答的过程，满足各层次、各领域内的信息用户的信息需求。

（2）BBS 数据库成为咨询工作展开的主要依据：BBS 虚拟咨询服务经过长时间的积累，形成了自己独具特色的参考咨询信息数据库，可以用来解决用户提出的相类似的咨询问题。另外，BBS 数据库都有自己的搜索引擎，这种搜索引擎的搜索速度要比手工检索快几倍，几十倍甚至上百倍，更易满足用户的要求。

（3）服务方式网络化：多家类似机构可以组成一个网络咨询中心，按咨询内容分类，多个机构共同解决用户问题，这样不但可以最大程度满足用户需求，还能实现马铃薯信息资源共享。

（4）服务工具现代化：BBS 在线咨询服务有效地克服了时空的限制，不论咨询人员身在何处，只要能登录 BBS 站点，就可以利用交互式交谈回答用户的咨询问题，同时还可以辅之以 E-mail 来解答读者问题，也可以将咨询问题打成包放在 FTP 服务器上等待相关读者下载。

（5）咨询人员社会化：BBS 在线咨询服务作为专业性较强的工作，咨询人员的社会化已成为一种不可避免的大趋势。由于 BBS 在线咨询服务往往涉及各种专业知识，而咨询人员所掌握的学科知识毕竟有限，所以 BBS 在线咨询会邀请一批在各专业有一定造诣的专家，作为特邀咨询员解答一些专业问题。尽管这种咨询一般是无偿的，但仍有很多专家学者乐于从事这项工作，而一些用户，也往往成为在线咨询服务的志愿服务者（李修波，2002）。

（三）实时互动交流形式

据中国互联网信息中心发布的第十四次中国互联网发展状况统计报告（2004 年 7 月）的数据显示：我国的上网用户总人数已有 8 700 万人（唐淑娟等，2005），用户平均每周上网时间 12.3 小时，平均每周上网天数 4.2 天；获取信息的占42.3%，学习的占 9.1%，经常使用网络服务的用户中聊天的占 40.2%，利用 BBS 论坛、社区讨论组的占 21.3%，电子邮箱的占 84.3%。很明显使用网络聊天、BBS、邮件等已成为网民上网的重要活动之一。网络聊天成为实现资源共享的一种重要实时交互技术。

实时交互技术的信息交流顾名思义就是能够实时地与读者进行交流的信息咨询服务。为了保持传统的面对面参考咨询中的实时交互的优点，信息服务部门可以利用网络寻呼机

（ICQ/OICQ）、MSN、聊天室（Internet Chat）等进行信息交流，进行在线实时反复交换短文本信息。另外，网络白板（Whiteboard），网络视频会议（Video Conferencing），网络呼叫中心（Web-based Call Center）等也是进行实时互动交流的重要网络工具（严正，2005）。信息服务系统工作人员可以改造聊天或网络呼叫中心软件，实时与读者沟通，向浏览器发送网络资源，为读者提供信息服务。实时聊天虚拟咨询室充分利用文字、语音、视频多媒体聊天功能，同时还利用了HTML代码配置功能，因此，主页、论坛、邮件等信息咨询方式都可以被整合到聊天室里，并可根据实际情况进行综合使用。归结起来，利用虚拟的网络聊天进行信息咨询有以下优越性：

（1）适合于习惯面对面咨询的用户。

（2）更有利于用户开口咨询。

（3）增大咨询的空间自由度。

（4）与E-mail、BBS信息咨询相比，具有实时性和交互式优点，是一种动态的交流方式。

（5）可以节省用户的时间和开支。互联网使整个地球变成了一个地球村，进入语音聊天咨询室，不必打长途电话，点击下载数字信息可以大大节省时间和费用。

实时交互技术的信息交流服务技术正走向成熟，而且其综合利用多媒体和支持实时交流对提高信息服务质量有很大帮助，这类软件支持网页和应用共享，能有效支持远程的复杂用户咨询。

（四）网络合作中的信息交流

异步交流与实时交流给信息咨询服务带来了极大的方便，由于网络信息咨询有着快、准、广、新诸多特点，在带来方便的同时也会带来急剧增加的咨询请求量。咨询人员常遇到超过自身知识能力的复杂问题。因为利用资源的能力以及软硬件设施的限制，单个服务机构实难做到全天候服务。如果能有更多的同专业领域内的单位进行合作，共同分担信息咨询服务，就可以解决这些问题。常进行马铃薯信息检索的用户不难发现，在网络中，涉及马铃薯信息的网站（页）有很多，这些网页各自都只提供马铃薯信息中的某一个，或是种子销售信息，或是育种信息，或是贮藏加工信息，或是马铃薯制品信息，他们都是彼此独立的，没有任何一个网站能囊括马铃薯信息的各个分支部分，提供马铃薯资源的"一站式"服务。这也就给用户咨询带来很多的不便。因此，马铃薯专业信息服务系统将利用网络技术，建立多个机构、多个系统间的协作咨询服务，用户通过所在网页上的咨询服务链接，将复杂的研究性问题提交，然后由多家马铃薯信息服务机构共同解答用户咨询，这种方式就可以实现网络环境下多系统的信息交流合作，不但可以解决网络用户的信息需要，更有利于加强信息情报部门间的资源共享，使资源的利用率大大提高。这也是在线咨询服务未来发展的主流方向。

系统安全分析与版权
问题解决对策

　　信息系统的安全性包含两部分内，一是保证系统正常运行，避免各种非故意的错误与损坏；二是防止系统及数据被非法利用或破坏。在开放的网络环境下，系统安全的保障是非常重要的。在本系统中，管理系统的安全策略分系统层和用户层两个层次。系统层主要由网络操作系统和数据库操作系统自身提供的安全性来保证。用户层由用户应用程序提供的安全性保证。本系统设定用户权限，使得管理与应用分离，减少了数据被意外破坏的可能，增强了系统的安全性。

第一节　信息系统安全

一、网络操作系统

　　在现在的网络应用中，以 Windows NT 为内核的 Windows 2000 作为服务器的操作系统的用户越来越多。而在计算机网络的社会中，在保证效率的同时，信息的安全则显得更加重要。这里，我们从用户的角度对 Windows NT 的安全性做一些探讨。

Windows 2000 通过一系列的管理工具，以及对用户账号、口令的管理，对文件、数据授权访问，执行动作的限制，达到对系统安全的保证（Ruediger R. Asche，1995）。从用户的角度看，通过这一套完整、可行、易用而非繁琐的措施可以达到较好的效果。

Windows 2000 的安全机制的基础是所有的资源和操作都受到选择访问控制的保护，可以为同一目录的不同文件设置不同的权限。这是 Windows 2000 的文件系统的最大特点。Windows 2000 的安全机制不是外加的，而是建立在操作系统内部的，可以通过一定的设置使文件和其他资源免受存放的计算机上工作的用户和通过网络接触资源的用户的威胁（破坏、非法的编辑等）（周世雄，1998）。安全机制甚至提供基本的系统功能。对用户账号、用户权限及资源权限的合理组合，可以有效地保证安全性。

对于用户而言，Windows 2000 有以下几种管理手段，这些对安全性有着极大的影响：Windows 2000 的安全机制通过请求分配用户账号和用户密码来帮助保护计算机及其资源。给值得信任的使用者，按其使用的要求和网络所能给予的服务分配合适的用户账号，并且给其容易记住的账号密码。使用对账号的用户权力的限制以及对文件的访问管理权限的策略，可以达到对服务器的数据的保护。其中用户账号有用户名、全名、描述三个部分。用户名是用户账号的标识，全名是对应用户名的全称，描述是对用户所拥有的权限的较具体的说明。组有组名和描述两个部分，组名是标识，描述是说明。一定的用户账号对应一定的权限，Windows 2000 对权限的划分比较细，例如，备份、远程管理、更改系统时间等，通过对用户的授权（在规则菜单中）可以细化一个用户或组的权限。用户的账号和密码有一定的规则，包括账号长度，密码的有效期，登录失败的锁定，登录的历史记录等，通过对这些的综合修改可以保证用户账号的安全使用。

二、数据库操作系统

数据库系统信息安全性依赖于两个层次：一层是数据库管理系统本身提供的用户名/口令字识别、视图、使用权限控制、审计等管理措施，大型数据库管理系统均有此功能；另一层就是靠应用程序设置的控制管理，如使用较普遍的权限问题。

SQL Server 是一个快速、多用户、多线程的 SQL 服务器，它正成为很多网络数据库和 Web 站点后台数据库的选择。作为一个 Web 数据库，其数据库系统和内容的安全性是要被综合考虑的。（1）数据库的内部安全。保证存放数据库的文件系统的安全性，防止拷贝、移动数据目录，避免敏感信息的泄漏。（2）数据库的外部安全。外部安全一般应该注意以下几点：密码的保护，SQL server 数据库安装后，root 用户的口令为空，要尽快更换安全的口令；对普通用户权限的合理授予，禁止对用户权限的扩大化，防止数据库内容的非法泄漏；改变数据库的默认连接端口，对于不需要网络直接连接数据库的情况，封锁其端口；不使用 Windows2000 的 root 用户身份运行 SQL 的守护进程。（3）应用程序的安全。应用程序设计的漏洞和错误是 Web 安全的一大隐患，在程序设计过程中要注意代码本身的逻辑安全性，防止脚本源码的泄漏，特别是连接数据库的源码脚本的泄漏。本系统为控制此种情况的发生性，采取了特别措施，例如，IP 地址的检验、用户身份的安全验证及恶意输入的防止等（孙业东等，2004）。

SQL Server 提供多层安全性。在最外层，SQL Server 的登陆安全性直接集成到 Windows 2000 安全性上，它允许 Windows 2000 服务器验证用户。使用这种"Windows 2000 验证"，SQL Server 就可以直接利用 Windows 2000 的安全性。例如，密码加密、密码期限，以及对密码最大长度限制等（闪四清，2000）。Windows 2000 验证功能依赖于"信用连接"。这其中要用到 Windows 2000 的模仿功能。通过模仿，SQL Server 可以利用 Windows 2000 用户账号中的安全内容来对连接进行初始化，并检测其中的安全标志符是否达到了合法授权级别。当连接到运行 Windows 2000 下的 SQL Server 时，Windows 2000 的模仿功能和信用连接对所有的网络接口都适用。SQL Server 能够安装在"混合的安全"模式中，也就是说，基于 Windows 2000 的客户能够用 Windows 2000 验证来连接，能够用 SQL Server 验证连接。另外，当连接到安装在混合安全模式中的 SQL Server 事例时，连接总是明确地提供 SQL Server

登陆用户名。这就允许用与登录 Windows 2000 时不同的用户名来连接。

第二节　文献版权问题

一、问题的产生

信息服务过程中，用户使用系统文献资源，需求可以得到充分满足，各种科研成果也可以得到最广泛的传播，印刷版文献资源经数字化转变后，形成了在系统中可以不分时间、空间，被用户自由享用的共享资源，并且资源复制变得更加简单。这虽然在很大程度解决了研究工作的资源获取难的问题，但在这一过程实现的同时，作品版权问题也随之产生。信息数字化后，对于作品内容的保护，绝不可等闲视之。2002 年 4 月 1 日，陈兴良诉中国数字图书馆有限责任公司（简称数图公司）侵犯其信息网络传播权案是我国第一起与数字图书馆有关的著作权侵权案。北京市海淀区人民法院在判决书中认定，数图公司将陈兴良的作品上载到国际互联网上，虽以数字图书馆的形式出现，但却：①扩大了接触作品的时间和空间；②扩大了接触作品的人数；③改变了接触作品的方式；④在这个过程中数图公司并没有采取有效的手段保证作者获得合理的报酬。因此，数图公司的行为阻碍了陈兴良以其所认可的方式使社会公众接触其作品，侵犯了其信息网络传播权，故数图公司应立即停止侵权并依法承担侵权责任。这一案例为我们敲响了警钟（朱丹君，2004）。数据库作为信息产品，具有开发成本高，但复制成本极低的特点，因此，对于数据库内资源的知识产权保护是保证信息资源共享顺利进行的重要方面。

二、解决问题的对策

（一）与出版社合作取得作者授权

出版社是作品出版的专业机构，它具有明显的出版资源优势，出版资源丰富，联系众多作者，而且在出版权的取得上都与作者一一对应。我们可以通过与出版社签定相关的合作协议，由出版社代为寻求作者授权，并最终与作者签订许可使用合同，明确彼此之间的权利与义务，使数据库资源得以顺利使用，充分发挥作用。而且，这种网络宣传效应，也进一步提高了出版社和作者的知名度和经济效益。

（二）与著作权集体管理机构联系取得授权

著作权法第八条明确规定了著作权集体管理机构的法律地位："著作权人和与著作权有关的权利人可以授权著作权集体管理组织行使著作权或者与著作权有关的权利。著作权集体管理组织被授权后，可以以自己的名义为著作权人和与著作权有关的权利人主张权利，并可以作为当事人进行涉及著作权或者与著作权有关的权利的诉讼、仲裁活动。"著作权集体管理组织是联系作者与作品使用者的"居间人"，它通过作者的委托来行使权力，即监视作品的使用，并与未来使用者或使用单位洽谈使用条件，发放作品使用许可证，收取费用并在著作权人之间进行分配。通过著作权集体管理组织这一中介，我们也免去了寻找作者—授权的困难和麻烦，而作者创作的优秀作品亦可通过网络的有效传播实现更大的价值（朱丹君，2004）。

（三）直接与作者协商取得授权

要想将近些年的与马铃薯相关的文章作品全部做在系统里，那要取得授权的作者是相当多的，这是非常困难的一件事，往往需耗资几千元费时费力，时滞问题也会导致许多信息的价值大打折扣。但即使是这样，我们也不能先斩后奏，侵犯作者的信息网络传播权。还是应该积极联系，以正规的形式把信息系统建成真正的共享资源。

网站设计实例解析

1. 用户管理 (log_ admin. asp)

```
< %
chk_ admin_ login(3)
response. buffer = true
response. expires = 0% >
< ! -#include file = "admin. asp" -- >


< %
Set rs = Server. CreateObject( "ADODB. Recordset")//指定一个数据库
sql = "select * from log order by id" //从 LOG 表中选择所有数据, 按照 ID 号进行升序
排序
rs. open sql, conn, 1, 1 //打开数据库并准备执行操作
//判断输入的用户名是否为合法用户
if request( "delid") < >"" then
chk_ admin_ login(3)
Set rs = Server. CreateObject( "ADODB. Recordset")
```

```
sql = "select * from log where id = "&request("delid")//选择用户进行身份比对
//合法用户对数据库进行操作,可以删除,更新
rs. open sql, conn, 3, 3
rs. delete
rs. update
response. redirect"log_ admin. asp"//执行操作
rs. close
set rs = nothing
end if
% >
```

2. 对论文管理进行的数据库操作(lw_ admi. asp)

```
<! --#include file = "admin. asp"-- >


<%
//用户身份验证
if Request. QueryString("do") = "yes" then
chk_ admin_ login(3)
CurrentPage = request("Page")
contentID = request("ID")
//删除一篇论文
set rs = server. createobject("adodb. recordset")//指定一个数据库
sqltext = "delete from lunwen where Id = "& contented //从 lunwen 表中选择所有数据,按
照 ID 号进行查询
rs. open sqltext, conn, 3, 3 //打开数据库并执行操作
```

```
set rs = nothing //删除论文

conn. close

response. write" < script > alert('删除成功!'); location. href = 'lw_ admin. asp' < / script > "

end if

if Request. QueryString("do") = "tj" then

chk_ admin_ login(3)

CurrentPage = request("Page")

contentID = request("ID")

//最新的20篇论文

set rs = server. createobject("adodb. recordset")

sqltext = "select * from lunwen order by id desc"//按照论文的ID进行降序排序

rs. open sqltext, conn, 1, 1

//显示帖子的子程序


Sub list() % >

< html >

< head >

< meta http-equiv = "Content-Type" content = "text/html; charset = gb2312" >

< link href = "../css/admin. css" rel = "stylesheet" type = "text/css" >

< script language = JavaScript >

function del()

{

    if (confirm("真的要删除这条记录吗?删除后将无法恢复!"))

    {
```

```
        return true;
    }
    else
    {
        return false;
    }
}
```

</script>

3. 论文增加(lw_ add. asp)

//定义程序使用中的各种参数

title = server. htmlencode(Trim(Request("title")))

title2 = server. htmlencode(Trim(Request("title2")))

title3 = server. htmlencode(Trim(Request("title3")))

title4 = server. htmlencode(Trim(Request("title4")))

title5 = server. htmlencode(Trim(Request("title5")))

title6 = server. htmlencode(Trim(Request("title6")))

title7 = server. htmlencode(Trim(Request("title7")))

title8 = server. htmlencode(Trim(Request("title8")))

content = (Trim(Request("content")))

//增加文章的类别

If newstype = "0" Then

response. write "SORRY < br >"

response. write "请选择文章类型!! < a href = "" javascript: history. go(-1) "" >返回重输 </a >"

```
response. end

end if
```

//增加文章的标题

```
If title = "" Then

response. write "SORRY <br>"

response. write "请输入更新内容的标题!! <a href = """javascript: history. go( -1) """ >返回
```
重输 </a>"

```
response. end

end if
```

//添加文章的内容

```
If title2 = "" Then

response. write "SORRY <br>"

response. write "请输入更新内容的标题!! <a href = """javascript: history. go( -1) """ >返回
```
重输 </a>"

```
response. end

end if
```

//添加文章的作者

```
If title3 = "" Then

response. write "SORRY <br>"

response. write "请输入作者!! <a href = """javascript: history. go( -1) """ >返回重输 </a>"

response. end

end if
```

//添加文章的摘要

```
If title4 = "" Then
```

```
response. write "SORRY <br>"

response. write "请输入摘要!! <a href = """javascript: history. go(-1)""">返回重输</a>"

response. end

end if

//添加文章的机构

If title7 = "" Then

response. write "SORRY <br>"

response. write "请输入机构!! <a href = """javascript: history. go(-1)""">返回重输</a>"

response. end

end if

If title8 = "" Then

response. write "SORRY <br>"

response. write "请输入更新内容的标题!! <a href = """javascript: history. go(-1)""">返回
重输</a>"

response. end

end if


If content = "" Then

response. write "SORRY <br>"

response. write "内容不能为空!! <a href = """javascript: history. go(-1)""">返回重输</a>"

response. end

end if

//数据库操作

Set rs = Server. CreateObject("ADODB. Recordset")//指定一个数据库
```

```
sql = "select * from lunwen"//从 lunwen 表中选择所有数据
rs. open sql, conn, 1, 3 //数据库的操作
rs. addnew//增加新的论文
rs("fenglei") = newstype //按照论文分类进行操作
rs("题名") = title
rs("关键字") = title2
rs("作者") = title3
rs("摘要") = title4
rs("刊名") = title5
rs("发表日期") = title6
rs("第一作者") = title7
rs("机构") = title8
rs("正文") = content

rs("readnumber") = 0
rs("ptime") = date()
rs. update
rs. close
response. write" < script > alert('添加信息成功!'); location. href = 'lw_ admin. asp' </
script >"
end if
```

4. 论文编辑(lw_ edit. asp)

```
<! -#include file = "admin. asp"-- >
<! -#include file = "../inc/conn1. asp"-- >
```

```
<% if Request. QueryString("action") = "save" then

chk_ admin_ login(2)

id = trim(request("id"))

newstype = Trim(Request. Form("type"))

//定义程序使用中的各种参数

title = server. htmlencode(Trim(Request("title")))

title2 = server. htmlencode(Trim(Request("title2")))

title3 = server. htmlencode(Trim(Request("title3")))

title4 = server. htmlencode(Trim(Request("title4")))

title5 = server. htmlencode(Trim(Request("title5")))

title6 = server. htmlencode(Trim(Request("title6")))

title7 = server. htmlencode(Trim(Request("title7")))

title8 = server. htmlencode(Trim(Request("title8")))

content = (Trim(Request("content")))

//按照文章类型检索

If newstype = "0" Then

response. write "SORRY <br>"

response. write "请选择文章类型!! <a href = ""javascript: history. go(-1)"" >返回重输
</a>"

response. end

end if

//按照更新内容检索

If title = "" Then

response. write "SORRY <br>"
```

```
response. write "请输入更新内容的标题!! < a href = ""javascript: history. go( -1) "" >返回
重输</a>"

response. end

end if

If title2 = "" Then

response. write "SORRY < br >"

response. write "请输入更新内容的标题!! < a href = ""javascript: history. go( -1) "" >返回
重输</a>"

response. end

end if

//按照作者检索

If title3 = "" Then

response. write "SORRY < br >"

response. write "请输入作者!! < a href = ""javascript: history. go( -1) "" >返回重输</a>"

response. end

end if

//按照摘要检索

If title4 = "" Then

response. write "SORRY < br >"

response. write "请输入摘要!! < a href = ""javascript: history. go( -1) "" >返回重输</a>"

response. end

end if

//按照机构检索

If title7 = "" Then
```

```
response. write "SORRY <br>"

response. write "请输入机构!!<a href="""javascript: history. go(-1)"">返回重输</a>"

response. end

end if

If title8 = "" Then

response. write "SORRY <br>"

response. write "请输入更新内容的标题!!<a href="""javascript: history. go(-1)"">返回
重输</a>"

response. end

end if

If content = "" Then

response. write "SORRY <br>"

response. write "内容不能为空!!<a href="""javascript: history. go(-1)"">返回重输</a>"

response. end

end if

//数据库操作

Set rs = Server. CreateObject("ADODB. Recordset")//指定一个数据库

sql = "Select * From lunwen where id = "&id //从 lunwen 表中选择所有数据, 按照 ID 号
进行查询

rs. open sql, conn, 1, 3//打开数据库并执行操作

rs("fenglei") = newtype//按照论文分类进行检索

rs("题名") = title

rs("关键字") = title2

rs("作者") = title3
```

```
rs("摘要") = title4
rs("刊名") = title5
rs("发表日期") = title6
rs("第一作者") = title7
rs("机构") = title8
rs("正文") = content

rs("readnumber") = 0
rs("ptime") = date()
rs. update
rs. close
response. write" < script > alert('更新成功!'); location. href = 'lw_ admin. asp' < /script > "
end if
% >
< %
id = request. querystring("id")
Set rs = Server. CreateObject("ADODB. Recordset")
rs. Open "Select * From lunwen where id = "&id, conn, 3, 3
% >
```

5. 邮件群发功能

```
< !--#include file = "admin. asp"-- >
< %
//定义邮件显示的通用信息
server. scripttimeout = 99999999
```

```
function searchlist( sendname, email, searchkeyword)

mailbody = mailbody &" < style > A: visited {TEXT-DECORATION:  none}"

    mailbody = mailbody &"A: active{TEXT-DECORATION:  none}"

    mailbody = mailbody &"A: hover {TEXT-DECORATION:  underline}"

    mailbody = mailbody &"A: link {text-decoration:  none; }"

    mailbody = mailbody &"BODY {FONT-FAMILY: 宋体;  FONT-SIZE:  9pt; }"

    mailbody = mailbody &"TD {FONT-FAMILY: 宋体;  FONT-SIZE:  9pt} </style >"

    mailbody = mailbody &" < TABLE   border = 0   width = '95%'   align = center >
< TBODY > < TR > < TD >"

        mailbody = mailbody
&"* * * * * * * * * * * * * * * * * * * * * * * * * * * * * * * * * * * * * * * *
* * * * * * * * * * * * * * * * * * * * * * * * * * * * * * * * * * * *"

        mailbody = mailbody &" < br > 您好! 我是"&sendname&" < br >"

    //引用 sendname 字段信息

        mailbody = mailbody &" < br > 此邮件发送的是你在"&sendname&"所关心的最新
信息! ! !"

        mailbody = mailbody &"该邮件的发件人为"&sendname&"    发件人邮箱
为"&email&" < br >"

        mailbody = mailbody &"如果需要回复,请发邮件至"&email&"! < br >"

        mailbody = mailbody
&"* * * * * * * * * * * * * * * * * * * * * * * * * * * * * * * * * * * * * * * *
* * * * * * * * * * * * * * * * * * * * * * * * * * * * * * * * *"

        mailbody = mailbody   &" < iframe   src =/Include _ s. asp? TypeId = 1"
&searchkeyword&"  name = search  width = 500  marginwidth = 0  marginheight = 0  align =
```

```
middle    scrolling = yes    frameborder = 0 > </iframe > "

        mailbody = mailbody &" </TD > </TR > </TBODY > </TABLE > "

        searchlist = mailbody

    end function


    sql = "select * from reguser" //从 reguser(注册用户数据库)中进行检索


    set rs = conn. execute( sql)


    countit = 0

    title = "马铃薯门户"

    sendname = "马铃薯门户"

    email = "malingshu_ 2006@ 163. com "//发信人邮件地址

    sub sendmail( user, email, title, body) //定义邮件群发程序

    set msg  = Server. CreateOBject (  " JMail. Message " )//调用支持邮件群发的程序:
JMail. Message

    msg. Logging  =  true

    msg. silent  =  true

    msg. Charset  =  "gb2312" //邮件文字的代码为简体中文

    msg. ContentType  =  "text/html"

    msg. mailserverpassword = "test_ pass" //此为您邮箱的登录密码

    msg. mailserverusername = malingshu_ 2006@ 163. com //此为您邮箱的登录账号


    msg. From  =  "malingshu_ 2006@ 163. com"//发件人 Email
```

```
msg. FromName = "malingshu. com" //发件人姓名

msg. AddRecipient email, user//收件人 Email

msg. Subject = title//邮件主题

msg. Body = searchlist( sendname, email, rs( "searchkeyword"))//邮件正文

msg. Send ("smtp. 163. com") //SMTP 服务器地址(关于这点, 不同的提供商有不同的服
务器)

msg. close( )

//邮件是否发送成功

if not msg. Send( "smtp. 163. com") then

Response. write " < pre > " & msg. log & " </pre > "

else

Response. write "发送: "&user&" | "&email&" 成功! < br > "

response. flush

end if

end sub

while not rs. eof

email = rs( "email")//这里是邮件地址列

user = rs( "username")

countit = countit + 1

sendmail user, email, title, body

rs. movenext

wend

//邮件计数

response. write "计发出: "&countit&"封信"
```

response. end

% >

支持邮件群发的程序

```
<%
Dim SendMail
Sub Jmail( email, topic, mailbody) //定义邮件发送子程序
    on error resume next
    dim JMail//定义变量名称为 JMail
    Set JMail = Server. CreateObject( "JMail. Message")//创建 JMail 对象
    'JMail. silent = true
    JMail. Logging = True //启用使用日志
    JMail. Charset = "gb2312" //邮件文字的代码为简体中文
    JMail. MailServerUserName = smtpname //您的邮件服务器登录名
//登录邮件服务器所需的用户名
    JMail. MailServerPassword = smtppass //您的邮件服务器登录密码
//登录邮件服务器所需的密码
    JMail. ContentType = "text/html"//邮件的格式为 HTML 的
    JMail. Priority = 1//邮件的紧急程序,1 为最快,5 为最慢, 3 为默认值
    JMail. From = siteemail //发件人的 E-MAIL 地址
    JMail. FromName = site //发件人的姓名地址
    JMail. AddRecipient email//邮件收件人的地址
    JMail. Subject = topic //邮件的标题
    JMail. Body = mailbody//邮件的内容
```

```
        JMail. Send (smtpserver)//您的邮件服务器地址

        Set JMail = nothing

        SendMail = "OK"

        If err then SendMail = "False"

    end sub


sub Cdonts( email, topic, mailbody)

    on error resume next

    dim objCDOMail

    Set objCDOMail = Server. CreateObject( "CDONTS. NewMail")

    objCDOMail. From = mail_ from

    objCDOMail. To = email

    objCDOMail. Subject = topic

    objCDOMail. BodyFormat = 0

    objCDOMail. MailFormat = 0

    objCDOMail. Body = mailbody

    objCDOMail. Send

    Set objCDOMail = Nothing

    SendMail = "OK"

    If err then SendMail = "False"

end sub


sub aspemail( email, topic, mailbody)

    on error resume next
```

```
        dim Mailer

        Set Mailer = Server. CreateObject( "Persits. MailSender")

        Mailer. Charset  =  "gb2312"

        Mailer. IsHTML  =  True

        Mailer. username  =  smtpname//服务器上有效的用户名

        Mailer. password  =  smtppass//服务器上有效的密码

        Mailer. Priority  =  1

        Mailer. Host  =  smtpserver //您的邮件服务器地址

        Mailer. Port  =  25 // 该项可选. 端口 25 是默认值

        Mailer. From  =  siteemail

        Mailer. FromName  =  site // 该项可选

        Mailer. AddAddress email, email

        Mailer. Subject  =  topic

        Mailer. Body  =  mailbody

        Mailer. Send

        SendMail = "OK"

        If err then SendMail = "False"

    end sub

% >
```

参 考 文 献

[1] 陈峰棋等. 完全接触 ASP 之基础与实例. 北京：电子工业出版社，2002.

[2] 周世雄. 网络数据库速成——解决方案篇. 北京：中国铁道出版杜，1998.

[3] 闪四清. SQL Server 2000 实用教程. 北京：人民邮电出版社，2000.

[4] 罗运模等. Microsoft SQL Server 7.0 应用基础及开发实例. 北京：北京航空航天大学出版社，1999.

[5] PatrickDalton. Microsoft SQL Server 管理员手册. 北京：机械工业出版社，1998.

[6] Kalen Delaney. Microsoft SQL Server 2000 技术内幕. 北京：北京大学出版社，2002.

[7] 付刚等译. Microsoft SQL Server for Windows NT 系统管理培训教程. Microsoft 公司北京代表处授权，与北京希望电脑公司共同出版，1994.

[8] Microsoft. Microsoft SQL SERVER 6.5 程序员指南. 北

京：科学出版社，1997.

[9] Scot Johnson. Active Server Papes 详解．新志工作室译．北京：北京电子工业出版社，2000.

[10] 梅齐克．Active Server Pages 编程指南．董启雄等译．北京：宇航出版社，2000.

[11] Stephen Walther. Active Sever Pages 2.0 揭密．北京：希望出版社，2000.

[12] 胡冰．网络信息资源组织方法综述．情报科学，2003，21（4）：434～437.

[13] 李卫红，沈保全．信息组织方法述略．情报杂志，2004，（1）：67～68.

[14] 梅伯平．网络信息组织的分类主题一体化研究．情报科学，2003，21（4）：385～387.

[15] 吴高魁，高非．论数字图书馆的信息组织原则．情报杂志，2002，（7）：75～76.

[16] 黄如花．数字图书馆信息组织的评价．情报杂志，2005，（7）：7～9.

[17] 韩小梅．网络信息资源的管理与组织．图书馆理论与实践，2004，（3）：46～47.

[18] 刘崇学．论网络信息资源的有效组织与开发．情报杂志，2004，（9）：102～105.

[19] 苏芳荔．网络信息资源的组织和开发利用．现代情报，2003，（8）：72～75.

[20] 王海波，汤珊红．网络信息资源的组织与管理研

究. 现代图书情报技术，2003，（3）：60~63.

[21] 李卫红，沈保全. 信息组织方法述略. 情报杂志，2004，（1）：67~68.

[22] 马蕾. 网络信息资源组织研究. 情报杂志，2003，（4）：59~60.

[23] 胡昌平，杨曼. 国家网络信息资源组织的系统化实施. 情报杂志，2003，（1）：16~17.

[24] 张红，孙济庆. 基于 WebService 的信息定制系统的设计和实现. 计算机应用与软件，2004，21（10）：35~36.

[25] 张晓琳等. 基于 Web 的个性化信息服务机制. 现代图书情报技术，2001，（1）：25~28.

[26] 尹西杰. 基于智能的信息自动推送系统. 机电工程，2005，22（12）：46~48.

[27] 袁俊华，袁琳. 基于推送技术的个性化定制服务模式研究. 情报杂志，2005，（11）：75~77.

[28] 王培凤. Push 技术与图书馆信息推送服务. 现代情报，2005，（7）：107~109.

[29] 程文琴. 基于“Push”技术的个性化信息服务的实现. 大学图书情报学刊，2005，23（2）：47~48.

[30] 张素霞. “推送”技术与图书馆信息推送服务的实现. 现代情报，2004，（11）：46~47.

[31] 彭国莉. 图书馆信息推送服务. 四川工业学院学报，2003：108~110（增刊）.

[32] 韩丽. 学科信息门户中的信息推送服务. 情报杂

志, 2004, (6): 2~4.

[33] 覃凤兰. 论高校图书馆在线参考咨询服务. 情报杂志, 2005, (5): 126~128.

[34] 李南. 谈高校图书馆网络信息咨询服务. 内江师范学院学报, 2004, 19 (5): 126~128.

[35] 李修. BBS——高校图书馆在线咨询新模式. 图书馆理论与实践, 2002, (4): 21~22.

[36] 唐淑娟, 李毓梅. 图书馆虚拟参考咨询服务现状与思考. 图书馆学刊, 2005, (4): 25~29.

[37] 严正. 图书馆虚拟参考咨询服务探析. 情报杂志, 2005, (7): 113~115.

[38] 高珉, 马国强. 利用网络开展虚拟咨询的探讨. 图书馆工作与研究, 2005, (1): 48~50.

[39] 孙业东, 孙成状, 王大庆. Web 信息系统的安全性与对策. 山东理工大学学报 (自然科学版), 2004, 18 (3): 73~75.

[40] 朱丹君. 数字图书馆版权保护问题研究. 情报科学, 2004, 22 (4): 456~459.

[41] 高轶楠. BBS 在参考咨询中的应用. 图书馆学刊, 2005, (6): 72~75.

[42] 张亮. 利用 ODBC 实现异源数据的共享. 辽宁科技学院学报, 2005, 7 (4): 18~20.

[43] 泽仁志玛, 代光辉, 陈会忠. 数据库中间件技术探讨. 地震地磁观测与研究, 2005, (1): 67~72.

［44］沈丽宁. 个性化信息资源组织与服务. 武汉大学硕士论文, 2004.

［45］ Ruediger R. Asche. Windows NT Security in Theory and Practice. MSDN Technology Group, 1995.

［46］ Hillier S. Mezick D. Active Server Pages. Microsoft Press, 1998.

结　　语

　　本书是在专业知识与工作实践充分结合的基础上完成的，网站全面整合了马铃薯信息资源，既实现了马铃薯专业文献的全文检索，又包含马铃薯这一作物从种子到最后收获的一些相关信息，为用户提供了便捷的"一站式"服务体系。网站以 ASP 技术搭建，满足网站信息的动态更新。

　　文中文献检索数据库是基于浏览器/服务器和客户机/服务器相结合的三层结构，使用 ASP 内建对象和 ADO 的数据库存取组件实现 Web 数据库检索。系统的开发遵循完整性、通用性、实用性、先进性和开放性的原则，采用较为先进的结构化系统分析方法对数据流程、数据结构进行详尽的分析，利用大型数据库及前端开发工具，有效地保证了数据的完整性和有效性，系统的安全性得到提高，系统维护更加简便。在检索方面，以简单检索与高级检索两种途径出现，全面的检索字段与多个检索词同时进行检索，足以完成用户的检索请求。在中文数据库的功能开发上，本系统首先使用了信息定制与信息推送服务，进一步强调以人为本的原则，强调用户使用上的方便性及可持续性，最大限度发挥文献信息的前沿指导作用。

目前，在国内已有的数据库中，信息定制与推送还是一个新的领域。这一功能的开发，将更有助于用户对更新信息的快速获取，更适合于科研课题在不断的完成过程中对文献的需求，是信息时代，个性化信息服务的必然产物。